생명
태초에 설계되었다

생명

태초에 설계되었다

초판 1쇄 발행 2024. 3. 5.

지은이 김광수
펴낸이 김병호
펴낸곳 주식회사 바른북스

편집진행 황금주
디자인 양헌경

등록 2019년 4월 3일 제2019-000040호
주소 서울시 성동구 연무장5길 9-16, 301호 (성수동2가, 블루스톤타워)
대표전화 070-7857-9719 | **경영지원** 02-3409-9719 | **팩스** 070-7610-9820

•바른북스는 여러분의 다양한 아이디어와 원고 투고를 설레는 마음으로 기다리고 있습니다.

이메일 barunbooks21@naver.com | **원고투고** barunbooks21@naver.com
홈페이지 www.barunbooks.com | **공식 블로그** blog.naver.com/barunbooks7
공식 포스트 post.naver.com/barunbooks7 | **페이스북** facebook.com/barunbooks7

ⓒ 김광수, 2024
ISBN 979-11-93879-19-1 03470

생명의 기원, 과학과 논리로 밝히다

생명
태초에 설계되었다

김광수 지음

Life was designed
in Beginning

바른북스

나는 누구인가,
나는 어떻게 지금 여기 존재하는가?

태어나 철이 들면서 언젠가 자신이 이 우주에 존재하고 있음을 자각하는 순간이 있다. 그 자각이 '부모가 나를 낳아서 존재한다'는 어릴 적의 단순한 사고에서 한 걸음 나아가면 부모는 내 존재의 한 과정일 뿐 나를 존재하게 한 원인은 아니라는 사실을 알게 된다.

나라는 존재는 스스로를 자각하고, '나는 누구인가'를 묻는 주체적 존재이다. 무엇이 옳고 그르며, 어떤 것이 사실이고 아닌지를 판단하는 이성적 존재이다. 또 자신의 존재 의미를 묻는 철학적 존재이며, 진리를 추구하는 구도적 존재이다.

어릴 적의 나, 10년 전의 나, 지금의 나는 주체적으로 변함없다. 나라는 생명체의 물리적 양태는 끊임없이 변하고, 의식과 사고방식도 변하지만, 나라는 존재의 주체는 불변한다. 주체적 나가 있으므로 내 생각의 그릇됨을 알 수 있고, 나의 잘못을 반성할 수 있으며, 나의 행동에 대해 책임을 질 수 있다.

　　나는 누구인가, 나는 어떻게 지금 여기 존재하는가? 이 물음에 답하지 않고는 인생의 근본적 의문은 해결되지 않는다. 나의 생물학적 근원을 모르면서 어떻게 인생을 말할 수 있을까? 이 근본적 의문에 답을 얻으려면 먼저 내 생명의 출발점인 '생명의 기원'을 알아야 한다. 생명의 기원에 대한 정답을 알아야 비로소 인생의 정답을 향한 여정으로 나아갈 수 있다. 그렇지 않으면 평생 방황하다 죽음 앞에 서게 될 것이다.

　　현대 생물학에서 생명의 기원에 대한 오류들이 진리를 가로막고 있다. 그 오류를 만든 가장 큰 책임은 근본적으로 허구인 다윈 진화론에 있다. 이 세상은 우연히 만들어졌으며, 생명 또한 우연히 탄생했다고 한다. 그로부터 변화에 변화를 계속해 지금의 다양한 생물 종이 생겨났다고 한다. 호모사피엔스 종인 우리 인류도 우연의 가지 끝에 매달린 한갓 생물 종일 뿐이다. 거기에 어떤 특별한 가치나 의미는 없다.

　　자연규칙의 불변성은 이 우주 자연은 불변하는 질서에 따라 운행되며, 이 우주 자연은 결코 우연히 만들어질 수 없음을 말하고 있다. 그리고 자연규칙 프로그램인 생명시스템의 불변성은 생명 또한 우연히 만들어질 수 없음을 증거한다. 생명체의 모든 것은 불변하는 생명시스템의 프로그램으로 만들어진다. 그래서 생물은 본질적으로 불변한다. 생명 활동을 위해 목적성과 방향성을 가지고 일사불란하게 작동하는 생명시스템은 우연히 만들어질 수 없으므로 설계되어야 한다. 따라서 "생명은 태초에 설계되었다."

차 례

생명의 기원을 밝히며…

학문의 현장에 있지는 않았지만, 지난 수십 년 동안 진화론에 대해 사색하고 공부해 왔다. 그 과정에서 '생명체의 모든 것이 우연히 생겨났다'는 다윈의 생각에는 결코 동의하기 어려웠다. 그 의문에 대한 30여 년의 도전으로 다윈 진화의 원동력인 자연선택은 그 선행조건이 불가능함을 알게 됐다. 생명체의 모든 형질은 생명 활동을 일으키는 생명시스템이 함께 만들어져야 하는데, 다윈 진화에서는 모든 생명시스템이 물질적 구조와 함께 저절로 만들어지는 것으로 추정한다. 이는 자연규칙의 불변성을 알지 못한 잘못된 판단이다. 생명시스템은 자연규칙 프로그램이므로 새로 만들어지는 것은 불가능하다. 생명시스템이 새로 만들어지는 것이 불가능하다면 자연선택의 선행조건인 '변이 발생'이 부정되므로 자연선택은 진행될 수 없다. 따라서 다윈 진화론은 근본적으로 오류이고 허구이다.

지난 해 봄, 이 책의 출간을 위해 몇 곳의 출판사에 원고를 보내고, 다시 전체 원고를 살펴보던 중 '생명의 기원' 내용을 보다 깜짝 놀랐다. 수십 년 다윈 진화론과 씨름하다 보니 내 머릿속은 온통 '진화'라는 단어에 빠져 있었던 모양이다. '생명시스템의 불변성'을 발견하고도 이 발견이 '생명의 기원'을 밝혔다는 생각을 미처 하지 못했다. "진화에서 생명으로", 이 책의 주제가 운명적으로 바뀌면서 전체 내용의 재편과 보완작업은 다시 연말까지 이어졌다. 몸은 힘들었지만 마음은 하늘을 날고 싶었다.

■

다윈 진화론이 오류라면, 생물 진화의 진정한 원인은 무엇인가? 생명의 역사를 볼 때, 최초 생명체 출현 이후 지금의 다양한 생명체로 변화한 사실은 부정하기 어려운데, 그 변화의 진정한 원인은 무엇인가? 이 불가능할 것 같았던 오랜 난제의 해답은 집필에 매달린지 10여 년이 지날 무렵인 3년 전 어느 날, 수일 동안 이어진 사색 중에 섬광처럼 뇌리에 떠올랐고, 그 순간 나는 소리치며 두 팔을 번쩍 들었다. '생명시스템의 불변성!!!' 수십 년, 오랜 난제의 해답이 하늘로부터 내 머릿속으로 들어온 순간이었다. 내 생각이, 내 논리가 정말 맞는가? 나는 떨리는 가슴을 쓰다듬으며 그 논리적 맥락을 다시 확인하고 정리했다.

■

젊을 때부터 책을 좋아했고, 과학, 철학, 문학 등 다방면의 책을 읽었다. 세상의 근본 이치, 불변하는 진리를 알고 싶었다. 세상의 편견과 오류에 빠지지 않아야겠다고 스스로 다짐하며 논리적 타당성을 추구했다.

사십 대 무렵 어느 날, '나는 누구인가?' '나는 어떻게 지금 여기 존재하는가?' 하는 철학적 고민을 하던 중에 '다윈 진화론'을 만났다. 다윈 진화론은 충격적이었다. 그리고 나에게 깊은 의문을 남겼다. 정말 다윈의 말처럼 "모든 생물은, 그리고 우리 인간은 창조된 것이 아니라 어쩌다 우연히 생겨난 그런 무의미한 존재인가?" 이 의문을 해결하지 않고는 내 인생에 대한 올바른 답을 찾기는 불가능하다고 생각되었다. 나라는 인간의 생물학적 근거도 모르면서 어떻게 인생을 말할 수 있을까?

진화론에 대한 도전… 그러나 가족 생계에 대한 책임, 직장의 치열한 일선 영업 현실은 나를 쉽게 놓아주지 않았다. 좀 더 빨리 학문의 길로 가고 싶은 욕심은 무리한 투자와 사업 실패로 상당한 부채를 안고 우여곡절을 겪었다. 가까스로 나이 60을 지나서야 본격적인 도전을 시작할 수 있었다. 생물학을 중심으로 물리, 화학 등 기초 과학을 새로 공부하고, 유전학, 분자생물학, 천문학 등 여러 분야를 살펴보면서 다윈 진화론을 둘러싼 여러 논쟁과 씨름했다. 진화의 원인을 생각하고, 또 생각했다. 특히 초기 진화와 관련하여 쉽게 알 수 없는 원인들을 간단히 '우연'으로 추정하는 다윈적 오류를 어떻게 지적할 것인가 고심했다.

지난 십수 년의 본격 도전의 기간은 여러 유혹을 멀리하고, 노후 준비는 밀쳐놓고 아내의 고생을 지켜보며 생계 위협을 견디는 단련의 과정이었다. 무모한 도전이라는 시선, 과연 내가 할 수 있을까 하고 약해지려는 마음을 뛰어넘어야 했다. 진리를 향해 나아가고 있다는 자부심, 잘못된 진화론을 바로잡는 일이 학문과 사상에 얼마나 중요한 일인가 하는 믿음이 없었다면 지탱하기 어려웠을 것이다.

■

다윈 진화론은 오류다. 수십 년간 사색하고 공부하며 도달한 결론이다. 다윈의 진화론은 생물의 가변적 측변만을 보고 불변성을 외면함으로써 시작된다. 생물의 가변성은 한 측면일 뿐 생물의 본질은 불변성에 있다. 바로 생명 활동을 일으키는 생명시스템의 불변성이다. 다윈 진화론은 이 불변성을 보지 못하고 진화의 원인을 '우연'으로 잘못 진단하고 점점 그 수렁에 빠졌다.

그럼에도 불구하고 현대 생물학에서 다윈 진화론은 과학적 사실이나 정설처럼 대접받고 있다. 생물학이나 유전학에서 생물의 변화와 관련되는 내용들은 모두 다윈적 관점으로 설명된다. DNA 출현, 최초 세포의 출현, 변이 발생, 종 분화 등 생명 현상 변화의 원인은 모두 '우연'에 있다고 한다. 이 시대를 주도하고 있는 다윈 진화론은 오류가 드러나지 않은 채 과학과 사상 그리고 인류의 가치관과 세계관에 지대한 영향을 미치고 있다. 이 시대에 "무엇이 진리인지 알 수 없다"는 혼돈과 방황의 밑바탕에는 다윈 진화론의 오류가 자리하고 있음을 지적하지 않을 수 없다. 인류 지성의 회복을 위해 다윈 진화론의 오류는 하루빨리 바로잡아져야 한다.

2024년을 맞으며
저자 김광수

제1장 생명, 태초에 설계되었다

제1장

생명, 태초에 설계되었다

　　다윈의 진화론을 따르는 현대 생물학의 '생명의 기원'에서, 생명은 우연히 생겨났다고 한다. 무생물에서 우연히 최초 생명체가 만들어졌으며, 그 공통조상으로부터 수십억 년 동안 변화에 변화를 거듭한 우연적 변화의 결과로 지금의 다양한 모든 생명체가 생겨났다고 한다. 인간은 생명의 나무가 보여주는 분기적 한 가지 끝에 위치하는 호모사피엔스라는 한 종에 불과하다. 한마디로 모든 생명은 우연의 산물이다. 우연에는 어떤 방향성이나 목적성이 없다. 인간이 한갓 우연의 산물에 불과하다면 거기에 대단한 의미나 가치는 없다.

　　생명은 정말 우연히 생겨난 것인가? 그렇지 않다. 생명은 우연히 생겨날 수 없다는 '결정적 증거'가 나왔다. 바로 '생명시스템의 불변성'이다. 지금 생물학과 과학에서는 생명시스템의 불변성을 보지 못한다. 뉴턴이 만유인력을 발견하기까지 중력을 알지 못한 것처럼 생명시스템의 불변성을 알지 못한다. 생명시스템의 기능은 알고 있지만, 생명시스템의 불변성은 알려고 하지 않는다.

생명 활동은 생명시스템의 프로그램에 따라 일어난다. 생명 활동에서 물질대사는 물리적·화학적 작용이 일어나는 과정으로, 생명시스템의 프로그램에 따라 진행된다. 물질의 이동에서, 물질의 물리적 이동은 물리규칙의 지배를 받고, 어떤 물질이, 언제, 어느 곳에, 얼마의 양이 필요한지는 생명규칙의 지배를 받는다. 그래서 생명시스템은 물리규칙과 생명규칙이 동시 작동하는 '자연규칙 프로그램'이다(3장, 생명시스템 참고).

자연규칙은 불변하므로, 자연규칙 프로그램인 생명시스템은 당연히 불변한다(2장에서 증명). 생명시스템은 불변하므로 그 불변적 프로그램으로 만들어지는 생물의 종과 형질은 불변한다.

생물의 불변성은 생명시스템의 불변성에 따라 논리적으로 추론되는 분명한 사실이다. 그러므로 '생물은 끊임없이 변한다'는 전제 위에 건설된 다윈의 진화론은 근본적으로 오류이고 허구이다. 그리고 다윈 진화론과 그 이념인 우연적 변화에 기반한 생명의 기원 가설들도 마찬가지로 모두 허구적 이론이다.

생명시스템의 불변성 발견으로, 인류의 오랜 숙제이던 '생명의 기원'이 과학과 논리로 밝혀졌다. 생명시스템은 자연규칙 프로그램이므로 자연규칙과 함께 태초에 만들어져야 한다. 생물 종과 형질, 그리고 생명체의 모든 것은 생명시스템의 프로그램에 따라 만들어진다. 한 생물 개체에 있는 생명시스템은 방향성과 목적성에 따라 일사불란하게 작동하므로 우연히 만들어질 수 없고, 설계되어야 한다. 따라서 "생명은 태초에 설계되었다."

● 생명시스템이 태초에 설계된 이론적 근거

'생명시스템의 불변성 증명'(2장 참고)에 따라 나는 "생명은 태초에 설계되었다"고 감히 선언한다. 이 추론은 과학과 논리로 사유한 타당한 결론임을 확신한다.

이 주장 타당성의 근거로 다음의 5가지 이론적 근거를 제시한다.

1-1
자연규칙은 불변한다

자연규칙은 우주 자연의 불변하는 질서이다. 자연의 존재나 현상이 만들어지거나 변화할 때 작용하는 일정한 규칙이다. 물질의 생성, 변화, 해체는 자연규칙의 지배를 받는다. 불변하는 자연규칙을 보자. 빛의 직진 규칙은 불변한다. 양전하와 음전하가 서로 당기는 규칙은 불변한다. 중력규칙은 불변한다. 물의 액체, 기체, 고체로의 상태변화의 규칙은 불변한다. 원자의 기본 구조와 성질을 만드는 규칙은 불변한다. 세포가 만들어지고 활동하는 규칙은 불변한다. DNA의 구조나 성질을 만드는 규칙은 불변한다. 동식물의 생장, 활동, 생식 규칙은 불변한다. 물리규칙과 화학규칙은 불변한다. 생명규칙은 불변한다. 모든 자연규칙은 불변한다.

자연현상은 변화무쌍하지만, 그 변화는 겉모습의 현상적 변화일 뿐 본질은 변하지 않는다. 물은 액체, 기체, 고체로 끊임없이 상태변화를 하며, 눈, 비, 구름, 이슬, 안개, 고드름, 빙설의 모습으로 변화하지만 물의 성질은 변하지 않는다. 물분자를 만드는 자연규칙이 불변하기 때문이다. 물이 이 우주에 탄생한 이래 수많은 은하와 행성에 존재하며 끊임없는 변화를 거듭했지만 물의 성질은 불변했음을 의심할 수 없다.

불변성은 자연규칙의 본질이다. 자연규칙은 새로 생겨나거나 바뀌거나 변하지 않는다. 자연규칙은 우주 탄생 이후 새로 생겨나거나 바뀌거나 변한 일이 없다는 사실은 자명하다. 만약 자연규칙의 불변성이 부정된다면, 이 책 중심 주제의 대전제가 무너지므로, 이 책의 주장은 오류이고, 그 타당성은 인정받지 못할 것이다.

1-2
생명시스템은 자연규칙 프로그램이다

생명체가 살아가려면 기본적으로 물질대사와 세포호흡이 일어나야 한다. 물질대사와 세포호흡을 통해 몸을 구성하는 성분을 만들고, 에너지를 얻고 소비하며 생명을 유지한다. 물질대사 과정에서 물질의 이동은 필수적이다. 영양분, 혈액 등 물질의 이동은 물리규칙의 지배를 받고, 어떤 물질이, 언제, 어느 곳에, 얼마의 양이 필요한지는 생명규칙의 지배를 받는다.

생명 활동은 생명시스템의 작동으로 일어난다. 생명시스템은 물리규칙과 생명규칙이 동시 작동하는 자연규칙 프로그램이다. 생물체에서 일어나는 모든 생명 활동의 내용은 생명시스템에 프로그램되어 있다. 생명 활동의 목적이 달성되려면 물질의 이동에서 보듯이 생명시스템에서 항상 물리규칙과 생명규칙은 동시 작동해야 한다. 이와 같이 생명시스템은 자연규칙 프로그램이다.

1-3

생명시스템은 불변한다

앞에서 제시한 근거와 같이, 자연규칙은 절대 불변하므로 자연규칙 프로그램인 생명시스템이 불변함은 자명하다. 생명시스템의 작동 과정은 과학이 밝힌 사실이며, 그 사실을 기초로 논리적으로 추론된 생명시스템의 불변성은 다음 2장에서 '삼단논법'으로 다시 구체적이고 분명하게 증명된다.

생물은 자연의 일부이며, 생물을 동시 지배하는 물리규칙과 생명규칙은 함께 자연규칙이다. 물리규칙은 무생물과 생물 모두를 지배하고, 생명규칙은 생물만 지배한다. 생명규칙은 생명 활동에서 언제나 물리규칙과 동시 작동하므로 당연히 물리규칙의 불변성을 가져야 한다. 그렇지 않으면 생명 활동이 불변적으로 일어날 수 없다. 그러므로 생명시스템은 불변한다.

1-4
생물 종은 불변한다

우주 자연은 자연규칙에 따라 만들어진다. 물질을 구성하는 모든 원자와 분자들은 물리규칙에 따라 만들어진다. 마찬가지로 생명체의 모든 형질은 생명규칙과 생명시스템의 프로그램에 따라 만들어진다. 생명시스템은 불변하므로 그 프로그램으로 만들어진 모든 생물 종과 형질은 불변한다. 그러므로 생물 종은 본질적으로 불변한다. 변하는 것은 생물 개체의 신체적 크기와 형태 등 현상적 모습이다.

한 공통조상에서 우연적 변화가 대대로 누적되어 지금의 다양한 생물 종으로 진화했다는 다윈 진화론은 오류다. 다윈 진화론은 생명시스템의 불변성을 보지 못하는 잘못된 이론이다. 다윈적 진화가 가능하려면, 먼저 '변이 발생'이 선행해야 하는데, 새로운 형질을 가지는 변이의 발생은 '생명시스템의 불변성'으로 원천적으로 불가능하므로 자연선택은 진행될 수 없다. 다윈 진화론은 불가능한 선행조건 위에 건설된 허구적 이론이다.

각 생물 종의 생명시스템은 불변하므로 생물 종은 다른 종으로 바뀔 수 없다. 새로운 종은 태초에 만들어진 자기의 생명시스템에서 발현하여 새롭게 태어나는 것이지, 우연적 변화로 출현하는 것이 아니다. 생물 종은 불변한다(5장 다윈 진화론의 오류 참고).

1-5

생명, 태초에 설계되었다

　우주 자연은 자연규칙에 따라 만들어지고, 모든 생물은 각각 자기의 생명시스템으로 만들어진다. 자연규칙은 불변하므로 자연규칙 프로그램인 생명시스템은 불변한다. 자연규칙이 우주 탄생 이후 새로 만들어지거나 바뀌거나 변할 수 없듯이 생명시스템도 새로 만들어지거나 바뀌거나 변할 수 없다. 그러므로 생명시스템은 자연규칙과 함께 태초에 만들어져야 한다.

　한 생물에는 생명 활동을 위한 개체별, 기관별, 조직별, 기능별 여러 생명시스템들이 있으며, 이들은 각각 개별적 독립적 기능을 수행하면서 동시에 개체의 생존을 위해 상호 유기적으로 작동한다. 이렇게 독립적이며 유기적 작동은 무작위적이나 우연으로 일어날 수 없으므로 고도의 지적 능력으로 작위적으로 설계되어야 한다. 따라서 '생명은 태초에 설계되었다'(3장, 10장 참고).

제2장 생명시스템의 불변성 증명

생명시스템의 불변성 증명

불변성 증명의 의미

    생명시스템의 불변성 확인은 생물학 역사에 획기적 사건이다. 생명 활동을 일으키며 생물의 종과 모든 형질을 만드는 생명시스템이 불변성을 갖는다는 것은 생물의 본질이 불변함을 의미한다. 지금까지 생물학에서 생물의 가변성만 보고 불변성을 보지 못함으로써 오류인 다윈 진화론을 정설로 받아들여 오류가 학문과 사상을 지배하고 과학마저 타락시키고 있다. 그 결과로 아직 생물학에서 생물의 정의조차 내리지 못하고 '생명 현상의 6가지 특성'으로 생물의 정의를 대신하는 비정상적인 상태가 지속되고 있다.

    생명시스템의 불변성 확인은 '생물은 변한다'는 전제 위에 구축된 다윈 진화론은 허구이고 오류임을 분명하게 지적한다. 나아가 더욱 중요한 진전은 인류의 오랜 숙제이던 '생명의 기원' 문제가 과학과 논리적 추론으로 밝혀지는 것이다.

2-1
생명시스템의 불변성·증명

● **삼단논법으로 증명**

삼단논법은 철학에서 추론의 근간을 이루는 중요한 개념이다. '생명시스템의 불변성'은 과학적 사실을 기초로 논리적 추론으로 증명된다. 생명시스템의 불변성 증명을 삼단논법으로 표현하면 다음과 같다.

(대전제)   자연규칙은 불변한다
(소전제)   생명시스템은 자연규칙 프로그램이다
(결론)   그러므로, 생명시스템은 불변한다

자연규칙은 불변한다(대전제)   불변하는 자연규칙들을 보자. 빛의 직진 규칙은 불변한다. 양전하와 음전하가 서로 당기는 규칙은 불변한다. 중력 규칙은 불변한다. 물의 액체, 기체, 고체로의 상태변화의 규칙은 불변한다. 원자의 기본 구조와 작동 규칙은 불변한다. 세포가 만들어지고 활동하는 규칙은 불변한다. DNA의 구조와 활동 규칙은 불변한다. 물리규칙과 화학규칙은 불변한다. 생명규칙은 불변한다. 모든 자연규칙은 불변한다.

불변성은 자연규칙의 본질적 특성이다. 자연규칙은 새로 생겨나거나 바뀌거나 변하지 않는다. 자연규칙은 우주 탄생 이후 새로 생겨나거나 바뀌거나 변한 일이 없다는 사실은 자명하다.

물질세계가 안정적으로 유지되는 것은 기초 단위물질인 원자와 분자의 성질이 불변하기 때문이다. 이 우주 자연이 탄생 이후 지금까지 무질서한 파괴적 종말로 가지 않고 조화롭게 유지 존속되는 것은 자연규칙이 불변하기 때문이다.

과학은 불변하는 자연규칙을 탐구하는 학문이다. 과학지식의 신뢰성은 자연규칙의 불변성에서 나온다. 자연규칙은 불변하기 때문에 동일한 조건에서 항상 동일한 결과를 만든다. 인류는 이 불변성을 이용해 각종 전자제품과 교통수단 등 문명의 이기를 만들어 찬란한 과학 문명을 건설했다.

만약 자연규칙의 불변성이 부정된다면, 과학지식은 믿을 수 없으며, 방대한 인류의 과학지식은 쓰레기장으로 가야 한다. 인류가 어떤 자연규칙을 잘못 알거나 불완전하게 알 수는 있다. 그러나 그것은 인류의 지능과 지식의 부족함 때문이지 자연규칙 자체의 결함은 아니다. 자연규칙 자체는 본질적으로 완전하며 불변한다(7장 '자연규칙은 불변한다' 참고).

생명시스템은 자연규칙 프로그램이다(소전제)　생명 활동은 생명시스템의 작동으로 일어난다. 생명시스템은 물리규칙과 생명규칙이 동시 작동하는 자연규칙 프로그램이다. 생물은 자연의 일부이며, 생물을 동시 지배하는 물리규칙과 생명규칙은 함께 자연규칙이다.

생명 활동에서 물질의 이동은 필수적이다. 여기서 물질의 물리적 운동은 물리규칙의 지배를 받고, 어떤 물질이, 언제, 어느 곳에, 얼마의 양이 필요한가는 생명규칙의 지배를 받는다. 따라서 생명시스템은 물리규칙과 생명규칙이 동시 작동하는 자연규칙 프로그램이다(3장 참고).

그러므로, 생명시스템은 불변한다(결론)   위의 대전제와 소전제의 두 명제는 과학적 사실에 기초하여 논리적으로 추론되는 '참'임을 알 수 있다. 따라서 이 삼단논법의 결론인 "생명시스템은 불변한다"는 명제는 논증되었음을 선언한다.

생명시스템 불변성의 논리적 추론 과정을 요약한다.

생명시스템 불변성의 추론 과정

자연규칙은 불변한다

(생명시스템은 생명 활동을 일으키는 자연규칙 프로그램이다)

- 물리규칙과 생명규칙 동시 작동함(예: 물질 이동)
- 동시 작동하는 생명규칙은 물리규칙의 불변성을 갖는다
- 생명규칙 → 자연규칙

자연규칙 프로그램

물리규칙	생명규칙
물질의 물리적 이동 물질의 화학적 결합과 분리	필요한 물질, 때, 장소, 양의 결정 (프로그램에 정해진 내용)

(동시 작동하는 물리규칙과 생명규칙은 자연규칙이다)

→ 자연규칙은 불변한다
→ 생명시스템은 자연규칙 프로그램이다
⇒ 그러므로, 생명시스템은 불변한다

2-2
생명시스템의 불변성이
학문과 사상에 미치는 영향

생명시스템의 불변성 발견은 생물학에서 획기적 사건이다. 생물의 본질을 보게 하고, 지금까지 내리지 못한 '생물의 정의'를 가능하게 한다. 아직 학계의 공식 확인은 아니지만, 생명시스템의 불변성은 앞에서 살펴본 것처럼 과학적이고 논리적으로 명쾌하게 증명되므로 공식 확인은 시간문제일 것이다.

생명시스템의 불변성 확인이 학문과 사상에 미칠 영향을 전망한다.

1. 생명의 기원이 밝혀진다

수천 년 동안 신비의 영역에 있던 생명의 기원이 밝혀진다. 생명체의 모든 것을 만드는 생명시스템의 불변성은 생명의 기원에 대한 과학적, 논리적으로 명쾌한 해답을 제시한다.

생명체의 모든 것은 만드는 생명시스템의 프로그램은 불변하므로 생물의 모든 종과 형질은 불변한다. 그 생명시스템은 자연규칙 프로그램이므로 자연규칙의 불변성으로 우주 탄생 이후 새로 만들어질 수 없다. 따라서 생물에 있는 모든 생명시스템은 자연규칙과 함께 태초에 만들어져야 한다. 그러므로 생명은 태초에 설계되어야 한다.

2. 생물 종과 형질의 불변성을 알려준다

생명시스템은 생명 활동을 일으키며, 생명체의 모든 형질을 만든다. 생명체의 모든 형질은 생명시스템에 프로그램된 내용대로 만들어진다. 생명시스템은 자연규칙 프로그램이며, 자연규칙은 불변하므로 이로부터 만들어진 생물의 모든 형질은 불변한다. 생물의 종 또한 하나의 큰 형질이므로 마찬가지로 변할 수 없다. 생명시스템의 불변성은 생물 종과 형질 불변성의 강력한 근거이다.

3. 생물의 정의가 가능해진다

지금까지 생물학에서 '생물의 정의'를 내리지 못한 것은 생물의 본질을 보지 못한 결과이다. 어쩔 수 없이 생명 현상의 특성 6가지, 즉 '세포, 물질대사, 반응과 항상성, 발생과 생장, 생식과 유전, 적응과 진화'라는 생명체의 공통적인 현상들을 나열하여 생물의 정의에 대신하고 있다. 그러한 비정상의 결과로 바이러스가 생물인지 아닌지를 아직도 판단하지 못하고 있다.

생명시스템의 불변성 확인으로 생물의 본질을 알게 됨에 따라 생물은 다음과 같이 정의할 수 있다. "생물은 생명시스템이 작동 중인 독립적, 유기적, 통일적 단위체이다."

4. 다윈 진화론은 붕괴된다

생명시스템이 불변하고, 생물의 모든 종과 형질이 불변한다면, '생물은 변한다'는 전제 위에 건설된 다윈 진화론은 오류이고 허구임이 밝혀지므로 이제 설 자리를 잃고 붕괴될 것이다.

5. '만물은 변한다'는 사상은 퇴조한다

고대 그리스 철학 이래로 동서양에서 '만물의 본질은 불변한다'는 사상과 '만물은 변한다'는 사상이 대립적으로 이어져 왔다. 근대 이후 과학 발전과 마르크스, 헤겔, 니체 등의 무신론과 유물론, 그리고 1·2차 세계대전을 겪으며 동서양은 전통적 사상과 가치관이 붕괴되는 혼돈의 상태가 되었다. 여기에 다윈 진화론이 득세하면서 다윈의 진화 이념인 '우연'이 학문과 사상에 큰 영향을 미치면서 과학마저도 결코 '알 수 없는 것'을 모두 그 원인을 '우연'으로 생각하는 사고방식으로 기울었다. 그래서 변화의 본질은 우연이며 만물은 변한다는 생각이 사상과 학문에 깊이 침투하였다.

생명시스템의 불변성은 변화의 연속선상에 있다는 생물의 불변
성을 알게 하고, 나아가 물질과 생명의 본질은 불변함을 증거한다.
우주 자연의 모든 변화는 자연규칙인 물리규칙과 생명규칙에 따라
정해진 대로 변할 수 있을 뿐이다. 우연적 변화는 본질에 영향을 미
칠 수 없고, 우주 자연의 현상적 모습에만 영향을 미칠 뿐이다. 생명
시스템의 불변성 확인으로 만물은 변한다는 사상은 이제 퇴조하게
될 것이다(9장 '우연은 불변성을 만들 수 없다' 참고).

제3장 생명시스템이란

생명시스템이란

3-1
다윈이 보지 못한 생명시스템

　만약 찰스 다윈(C. R. Darwin, 1809~1882)이 생명시스템의 불변성을 알았다면, 그의 책《종의 기원》(1859)은 세상에 나오지 않았을 것이다. 다윈이 생명시스템의 불변성을 알지 못함이 전적으로 그의 부족함 때문은 아니다. 당시 세포의 기능조차 잘 알지 못했고, 생화학적 지식은 전무했으며, 생명시스템의 개념은 나오지 않은 시기였다. 그렇지만 그는 자연을 보는 논리적 통찰력은 모자랐다. 우주 자연에는 불변하는 운행질서가 있고, 생명체에서 일어나는 생장, 번식 등에 일정한 규칙이 있음은 불변성의 관점에 설 수 있었다면 그의 통찰력으로 쉽게 알 수 있었을 것이다. 그런데 그는 생물의 변화에 대해서는 대단한 관찰력을 보였지만, 생물의 불변적 측면은 잘 보지 못했다. 오로지 생명 현상을 변화와 우연의 관점으로만 고집스럽게 매달리며 애써 불변성은 외면함으로써 결국 오류에서 헤어나오지 못했다.

생명 현상에 불변하는 규칙이 있다는 사실을 최초로 발견한 사람은 다윈과 동시대에 살았던 그레고어 멘델(G. J. Mendel, 1822~1884)이다. 그는 최초로 생명체의 변화를 지배하는 규칙을 과학적 실험으로 발견했다. 바로 '멘델의 유전법칙'이다. 1930년대에 이르러 전자 현미경이 발명되고 생물체의 내부가 분자 수준에서 관찰되면서 생명체에서 일어나는 일련의 변화 현상들을 생명시스템의 관점으로 접근하게 되었다. 분자생물학 시대를 본격적으로 촉발시킨 사건은 1953년 왓슨(J. Watson)과 크릭(F. Crick)에 의한 DNA의 이중나선 구조의 발견이다. 그로부터 생물학의 거의 모든 분야가 분자생물학의 패러다임으로 전환되었다. 분자생물학의 지식이 진전되면서 생명체에서 일어나는 물질대사 등 모든 생리작용은 일정한 물리, 화학적 작용으로 일어나며, 세포, 조직, 기관, 개체별로 그리고 기능별로 독립적이며 유기적인 규칙 체계로 이루어진다는 것을 알게 했다.

그런데 분자생물학의 발달로 생명 활동과 생명체의 기능들에 대한 지식은 폭발적으로 증가했지만 정작 본질적으로 중요한 '생명시스템의 불변성'에 관해서 과학계는 이상할 정도로 무관심했다. 여러 생화학 지식을 이용한 질병 치료, 의약품 개발, 품종 개량 등 실용적 성과와 이익에 도취해서인지 생명시스템의 불변성에 관해서는 누구도 지적하지 않았다. '생물은 변한다'는 다윈 진화론의 고정관념이 깊게 자리해서인지 생물의 불변성에 대해서는 아예 관심이 없었다.

3-2
생명시스템이란

    생명체가 살아가려면 기본적으로 물질대사와 세포호흡이 일어나야 한다. 생물은 물질대사와 세포호흡을 통해 몸을 구성하는 성분을 만들고, 에너지를 얻고 소비하며 생명을 유지한다. 물질대사 과정에서 물질의 이동은 필수적이다. 우리 인체에서 혈액은 쉬지 않고 온몸을 이동해야 하고, 소화를 위해서는 소화액이 필요한 곳으로 이동해야 한다. 혈액이나 소화액의 이동은 물질의 이동이며, 힘과 운동이라는 물리규칙의 지배를 받는다. 하지만 물리규칙은 생명 활동에 어떤 물질이, 언제, 어느 곳으로, 얼마의 양이 이동해야 하는지를 알지 못한다. 필요한 물질이 언제, 어느 곳으로, 얼마의 양이 이동해야 하는지는 생명규칙의 지배를 받는다.

    생명 활동은 생명시스템의 작동으로 일어난다. 생명시스템은 물리규칙과 생명규칙이 동시 작동하는 자연규칙 프로그램이다. 생물 개체에서 일어나는 생명 활동의 내용은 생명시스템에 프로그램되어 있으며, 모든 생리작용은 생명시스템의 작동으로 일어난다. 생명 활동의 목적이 달성되려면 물질의 이동에서 보듯이 생명시스템에서 항상 물리규칙과 생명규칙은 동시 작동해야 한다.

    자연은 무생물과 생물로 구성되어 있다. 물리규칙은 자연의 모든 무생물과 생물에 무차별적으로 작용하고, 생명규칙은 생물에만 작용한다. 물리규칙인 중력은 무생물과 생물에 무차별적으로 작용하며, 열의 이동 규칙도 무생물과 생물에 무차별적으로 작용한다. 하지만 생명규칙은 생명체에만 작용한다. 생명 활동에서 물리규칙과 동시에 작동하는 생명규칙은 물리규칙과 함께 자연규칙이며, 자연규칙의 불변성을 가질 수밖에 없다.

생명시스템이 작동 중이면 그 생물은 살아있고, 생명시스템이 작동을 멈추면 그 생물은 죽은 것이다. 지난해 산불이 휩쓸고 지나간 자리, 이듬해 봄이 왔다. 앙상하게 그을린 나무들 중 어떤 나무는 새순이 돋아나고, 어떤 나무는 새순이 돋아나지 않는다. 생명시스템이 작동 중인 나무는 새순이 돋아나고, 생명시스템이 작동을 멈춘 나무는 새순이 돋아나지 않는다.

3-3
생명시스템의 종류

생명체의 각 기관, 조직, 세포들에서 일어나는 다양한 생명 활동은 그것들을 일으키고 지휘하는 여러 생명시스템들의 작동으로 가능하다. 생명시스템의 활동은 세포, 조직, 기관별, 그리고 각 기능별로 생명 활동의 목적을 달성하기 위해 독립적, 유기적, 통일적으로 작동한다. 한 개체의 모든 생명 활동은 그 종 개체의 총괄 생명시스템의 지휘에 따라 진행된다.

각 생물 종은 종별 고유한 생명시스템을 가지며, 각 세포, 조직, 기관들은 각각의 생명시스템을 가진다. 또 생물의 형태적 구조와 별개로 다양한 생명 활동의 여러 기능을 수행하는 기능별 생명시스템이 있다.

생명시스템의 종류

- 종류별: 원핵생물/ 원생생물/식물/동물/균류
  – 척추동물 : 어류/양서류/파충류/조류/포유류/인류

- 기관별: 세포/조직/기관/개체

- 기능별: 발생/생장/생식/유전/물질대사/광합성/세포호흡/
  DNA 복제/혈액 순환/배설/항상성 유지 등

3-4
생명시스템의 불변성 사례

생명시스템의 불변성은 앞서 제2장에서 논증했다. 여기서는 생명시스템의 불변성을 보여주는 4가지 구체적 사례들을 살펴본다.

1. 광합성 '캘빈회로'의 불변성
2. 세포호흡 'TCA 회로'의 불변성
3. DNA 복제 시스템의 불변성
4. 사람 위의 소화 시스템의 불변성

〈사례 1〉 광합성 '캘빈회로'의 불변성

광합성 시스템은 지구상 모든 생물 먹이의 원천이다. 지난 수십억 년 동안 지구상의 모든 생물은 광합성 시스템의 불변성 덕분으로 살 수 있었다. 광합성을 하는 식물은 스스로 무기물로부터 유기물인 영양분을 만들어 살 수 있지만 그 외 다른 생물들은 광합성으로 얻어진 영양분을 2차적으로 섭취해야만 살아갈 수 있다.

광합성이란 식물 등이 빛에너지를 이용하여 이산화탄소와 물을 재료로 포도당 같은 유기물을 합성하는 작용이다. 이 과정에서 산소를 방출한다. 광합성의 화학식은 다음과 같다.

$$6CO_2 + 12H_2O \xrightarrow{\text{빛에너지}} C_6H_{12}O_6 + 6O_2 + 6H_2O$$

광합성 시스템에서 불변성을 보여주는 명쾌한 사례가 **'캘빈회로'**이다. 캘빈회로는 광합성의 암반응에서 CO_2의 탄소가 여러 중간 단계를 거쳐 유기물인 포도당을 합성하는 과정을 회로로 나타낸 것이다. 미국의 생화학자 캘빈(Melvin Calvin)은 1961년 광합성의 화학적 경로를 발견한 공로로 노벨 화학상을 받았다. 캘빈회로는 CO_2를 고정시켜 당(G3P)을 만드는 과정인데, 다음과 같은 반응 순서로 진행된다.

1) 1단계 CO_2의 탄소 고정, 2단계 당 합성(3PG 환원), 3단계 CO_2 수용체(RuBP) 재생의 3단계로 진행된다. 각 단계는 그 안에 또 세부 단계가 있다.

2) 명반응의 산물인 ATP와 NADPH는 사용 후 각각 ADP와 NADP가 된다.

3) 1분자의 G3P은 캘빈회로를 빠져나와 포도당을 합성하는 데 쓰이고, 나머지 5분자는 캘빈회로를 재순환한다. 1분자의 포도당이 만들어지려면 CO_2 6분자가 필요하고 캘빈회로는 6번 회전한다.

캘빈회로에서 포도당 1분자가 만들어지려면 캘빈회로가 6번 회전하는 시스템은 불변한다. 이 시스템은 40억 년 전 지구 생명체가 출현한 이후 지금까지 변함없이 작동하고 있다. 오늘도 지구상에 있는 수많은 초목들의 녹색 잎에서 포도당을 만들기 위해 캘빈회로는 끊임없이 돌고 있다. 지구상에서 식물들이 하루 만드는 포도당의 양은 얼마이며, 그 양의 포도당 1분자를 만들기 위해 캘빈회로가 하루에 회전한 수는 얼마나 될까? 40억 년을 변함없이 돌고 있는 캘빈회로의 불변성을 의심할 수 있을까?

〈사례 2〉 세포호흡 'TCA 회로'의 불변성

생물이 살아가려면 끊임없이 에너지가 공급되어야 한다. 동식물은 에너지를 얻기 위해서 계속 호흡을 한다. 세포호흡은 생명체의 조직 세포에서 영양소를 분해하여 에너지를 얻는 과정으로, 이때 몸속으로 들어온 산소가 이용된다. 세포호흡을 통해 얻은 에너지는 생장, 물질의 합성과 수송, 운동, 체온 유지 등 다양한 생명 활동에 이용된다. 세포호흡을 통해 포도당과 같은 유기물은 이산화탄소와 물로 분해된다. 이 과정에서 유기물에 저장된 에너지가 생명 활동에 사용할 수 있는 화학 에너지(APT)로 전환된다.

영양소(포도당) + 산소 ⟶ 이산화탄소 + 물 + 에너지

$$C_6H_{12}O_6 + 6O_2 \longrightarrow 6CO_2 + 12H_2O + 에너지$$

'TCA 회로'는 세포호흡의 2단계 과정으로 동식물 호흡의 대사 경로로 입증되었다. 1937년 H.A. 크레브스에 의해 회로의 진행 과정이 분명히 밝혀졌다. 시트르산(상업적으로는 식품 첨가제인 '구연산'으로 부름)의 합성에서 이 회로가 시작되므로 '시트르산 회로' 또는 발견자의 이름을 따서 '크레브스 회로'라고도 한다.

세포호흡 시스템은 크게 '해당 작용, TCA 회로, 산화적 인산화'의 세 단계로 진행된다. 1분자의 포도당은 세포질에서 해당 작용을 거쳐 2분자의 피루브산으로 분해되고, 피루브산은 미토콘드리아로 들어가 TCA 회로와 산화적 인산화를 거쳐 이산화탄소와 물로 완전히 분해된다. 해당 작용과 TCA 회로는 유기물로부터 전자를 끌어내어 산화적 인산화의 과정으로 공급하는 기능을 한다. 이 과정에서 NADH와 $FADH_2$가 전자를 전달하는 역할을 한다.

세포호흡 시스템의 각 단계들은 경로를 따라 순차적으로 일어난다. 각 물리, 화학적 작용의 작동 순서는 불변적이다. 세포호흡 시스템의 전 과정은 매우 복잡하다. 모든 생체 시스템의 과정들은 서로 유기적으로 연결되어 있고, 한 단계의 과정은 또 다른 세부 시스템들의 단계와 연결되어 있다. 인체의 세포호흡에 필요한 산소는 호흡 운동으로 기관지를 통해 폐포로 옮겨져야 하고, 폐포에서 기체 교환이 일어나 흡수되어야 한다. 폐에서 흡수된 산소는 혈액의 적혈구에 있는 헤모글로빈(hemoglobin)에 의해 조직 세포로 운반되어야 한다. 이 과정에 관련되는 심장 운동, 혈액 순환, 근육 수축, 혈액 생성, 신경 전달 등과 또 그것과 관련되는 여러 세부적 절차와 시스템이 필요하다.

● 불변적 TCA 회로 시스템

세포호흡의 2단계 과정인 TCA(Tri-Carboxylic Acid) 회로는 해당 작용에서 생성된 피루브산이 미토콘드리아의 기질로 들어가 아세틸 CoA로 된 다음, 아세틸 CoA가 이산화탄소로 완전히 분해되는 과정이다. 이 과정에서 피루브산 1분자당 4NADH, 1FADH$_2$ 그리고 약간의 ATP가 생성된다. TCA 회로의 경로는 아래와 같다.

1단계: ❶ 피루브산(C_3)은 탈탄산 효소의 작용을 받아 CO_2를 방출하고 NADH를 생성한 후 조효소 A(CoA)와 결합하여 아세틸 CoA(C_2)가 된다.
(TCA 회로로 들어가기 위한 준비 단계)

2단계: ❷ 아세틸 CoA(C_2)는 옥살아세트산(C_4)과 결합하여 시트르산(C_6)이 된다.
(TCA 회로의 시작 단계)

3단계: ❸ 시트르산(C_6)은 탈탄산 효소와 탈수소 효소의 작용을 받아 CO_2를 방출하고 NADH를 생성한 후 α 케토글루타르산

(C$_5$)이 된다.

❹ a 케토글루타르산(C$_5$)은 탈탄산 효소와 탈수소 효소의 작용을 받아 CO$_2$를 방출하고 NADH를 생성한 후 석신산 (C$_4$)이 된다. 이때 기질 수준 인산화로 ATP가 합성된다.

❺ 석신산(C$_4$)은 탈수소 효소의 작용을 받아 FADH$_2$를 생성한 후 푸마르산(C$_4$)이 된다.

❻ 푸마르산(C$_4$)은 H$_2$O이 첨가되어 말산(C$_4$)이 된다.

❼ 말산(C$_4$)은 탈수소 효소의 작용을 받아 NADH를 생성한 후 옥살아세트산(C$_4$)이 된다.

⇒ 재생된 옥살아세트산은 다시 아세틸 CoA와 결합하여 회로를 반복한다. 피루브산 1분자가 TCA 회로를 거치면서 3CO$_2$(탈탄산 효소의 작용), 4NADHD와 1FADH$_2$(탈수소 효소의 작용), 1APT(기질 수준 인산화)가 생성된다.

⇒ 따라서 포도당 1분자로부터 6CO$_2$, 8NADH, 2FADH$_2$, 2ATP가 생성된다.

TCA 회로의 규칙성과 불변성 세포호흡의 2단계 과정에 있는 TCA 회로는 앞에서 보는 것처럼 해당 작용에서 생성된 피루브산이 이산화탄소로 완전히 분해되면서 필요한 산물과 에너지를 생성하는 과정이다. TCA 회로의 이 7 경로의 과정은 세포호흡의 모든 경우에 불변적으로 일어난다. 이 사례는 생명시스템의 작동 규칙의 불변성과 규칙성을 명쾌하게 보여준다.

〈사례 3〉 DNA 복제 시스템의 불변성

세균에서 사람에 이르기까지 모든 생물이 사용하는 유전암호 체계가 동일하다. 이는 유전정보의 공통성과 유전규칙의 불변성을 말해준다. 진핵세포의 경우 핵 속에서 DNA의 유전정보가 RNA로 전달되고, 이 RNA가 세포질로 나와 단백질 합성에 관여한다.

유전정보는 3개의 DNA 염기 조합이 한 개의 아미노산을 지정하는 형태(코돈)로 암호화되어 저장된다. 유전정보는 mRNA로 전사된 후 단백질 합성 장소인 리보솜으로 전달된다. 리보솜에서는 mRNA의 유전정보에 따라 tRNA가 운반해 온 아미노산을 펩타이드 결합으로 연결하여 폴리펩타이드를 합성하고, 적절한 가공을 거쳐 특정한 기능을 하는 단백질로 되면 형질이 발현된다.

DNA 복제   일부 바이러스를 제외한 모든 생물의 유전물질은 이중나선 구조의 DNA다. 이중나선의 구조 자체가 유전자 복제의 메커니즘이다. 한쪽 사슬의 염기서열은 상보적 사슬의 염기서열을 구체적으로 지정한다. 두 DNA 사슬의 염기쌍이 엄격한 규칙에 따라 결합한다. 염기 A와 T, C와 G 또는 A와 U(유라실, RNA에는 T 대신 U 염기가 있다)의 일정한 결합은 불변한다. 한 분자를 이루는 두 사슬이 풀리고 분리되어 뉴클레오타이드 풀에 노출되면, 두 사슬은 저마다 상보적 사슬을 만들 주형이 된다. 그 결과 새로운 이중나선 2개가 만들어지는데, 염기쌍 형성 규칙에 따라 그 둘은 서로 같을 뿐만 아니라 처음의 이중나선과도 같다.

DNA 염기서열은 영구 보존된다 세포분열 과정에서 원본 DNA는 온전히 복제된다. DNA 이중나선 구조의 각 가닥에서 서로 마주 보는 염기끼리는 수소결합으로 연결되어 있는데, 아데닌(A)은 항상 티민(T)과, 구아닌(G)은 항상 사이토신(C)과 상보적으로 결합한다. 다만 RNA에서 아데닌(A)은 유라실(U)과 결합한다. DNA가 복제될 때 원래의 가닥이 각각 새로 만들어질 가닥을 위한 주형으로 쓰이고, 원래의 가닥에 새로 합성된 가닥이 합쳐져서 새로운 DNA 이중나선이 만들어진다. 그래서 복제될 때 주형으로 쓰인 원래의 한 가닥은 영구 보존되므로 그 염기서열도 영구 보존되는 것이다. 이 반보존적 복제는 메셀슨과 스탈의 실험으로 증명되었다.

● **불변적 복제 과정**

이중나선을 이루던 두 가닥이 풀어지고, 각 가닥이 주형이 되어 이에 상보적인 염기서열을 가진 새로운 가닥이 만들어진다. 복제 결과 원래의 DNA와 동일한 염기서열을 가진 DNA가 2개 생긴다. 구체적 과정은 다음과 같다.

① **DNA 이중나선 분리** 헬리케이스에 의해 이중나선의 두 가닥을 연결하는 염기 사이의 수소결합이 풀어진다. 염기 결합의 풀림은 복제 원점에서부터 좌우 방향으로 진행된다.

② **RNA 프라이머 합성** 프라이메이스에 의해 '프라이머'(프라이머는 DNA 조각이나 RNA 조각이 모두 될 수 있는데, DNA가 합성될 때 쓰이는 것은 RNA 프라이머이다)가 합성된다. DNA 중합 효소는 뉴클레오타이드의 3′ 말단에만 뉴클레오타이드를 한 개씩 결합시켜 새로운 DNA 가닥을 만들기 때문에 3′ 말단을 제공할 작은 RNA 조각인 **프라이머**가 필요하다.

③ **새로운 뉴클레오타이드 결합** 분리된 각 가닥에 DNA 중합 효소가 결합하여 프라이머의 3′ 말단에 주형 가닥과 상보적인 염기를 가진 디옥시리보 뉴클레오타이드를 차례로 결합시킨다. 새로운 가닥의 합성은 항상 5′ → 3′ 방향으로만 일어나며, 주형 가닥과 상보적인 염기서열을 가진 새로운 가닥이 만들어진다.

④ **DNA 복제 완료** DNA 복제가 완료되면 원래의 DNA와 똑같은 DNA가 2개 생긴다. 새로 생긴 DNA 분자는 두 가닥이 서로 반대 방향을 향하고 있으며, 원래의 DNA와 염기서열이 같다.

● 불변하는 DNA 복제 규칙

DNA 복제 규칙은 불변한다. 이 불변하는 규칙이 DNA 복제 시스템의 불변성을 만든다. 불변하는 DNA 복제 규칙은 다음과 같다.

1. 염기 결합규칙은 불변한다 DNA 이중나선을 이루는 각 가닥의 염기들은 서로 마주 보는 가닥의 염기들과 상보적으로 결합되어 있다. 이 염기들의 결합규칙은 불변한다. 아데닌(A)은 티민(T)과 결합하고, 구아닌(G)은 사이토신(C)과 결합한다. 다만 RNA에서 아데닌(A)은 티민(T) 대신 유라실(U)과 결합한다. DNA가 복제되거나 전사될 때 이 염기 결합의 불변성으로 DNA 이중나선과 RNA 단일 가닥은 온전히 복제된다.

2. DNA 복제 과정은 불변한다 DNA 복제 과정은, DNA 이중나선 분리 → RNA 프라이머 합성 → 새로운 뉴클레오타이드 결합 → DNA 복제 완료의 4단계로 진행되며, 이 복제 과장의 절차와 내용은 불변한다.

3. 유전정보의 전사 과정은 불변한다 DNA의 유전정보가 RNA로 전달되는 전사 과정은, 앞에서 본 것처럼 개시 → 신장 → 종결의 3단계로 진행되며, 이 전사 과정의 절차와 내용은 불변한다.

〈사례 4〉 사람 위 소화 시스템의 불변성

소화는 동물이 환경으로부터 양분을 얻어 에너지 또는 물질로 사용되기 전의 과정에서 일어나는 작용이다. 모든 동물 종은 각기 고유한 소화 기관과 시스템을 갖고 있으며 그 시스템과 작동 메커니즘은 불변적이다.

인체의 소화 과정은 '입 → 식도 → 위 → 십이지장 → 작은창자 → 큰창자 → 항문'의 과정으로 진행된다. 논의의 복잡성을 피하기 위해 소화의 전체 과정 중 위에서 진행되는 소화 메커니즘만으로 축소해 그 불변성을 확인하려고 한다. 소화의 전체 과정은 유기적으로 서로 연결되어 있으며 어느 한 부분 기능의 불변성이 파괴된다면 전체의 불변성도 파괴될 것이다.

● 소화 메커니즘의 불변적 과정

위는 음식물을 일시적으로 저장하면서 본격적으로 소화가 시작되는 기관이다. 위는 둥근 자루 모양으로 내벽은 두껍고 굴곡이 많은 구조이며, 위쪽으로는 식도와 연결되고 아래쪽으로는 십이지장과 연결되어 있다. 위에서 일어나는 소화 작용의 핵심적인 과정을 5단계로 단순화하여 살펴본다.

1단계 음식물이 식도를 지나 위로 들어오기 전 위액 '뮤신'이 분비되어 위벽을 코팅한다. 강한 염산과 단백질 효소인 펩신으로부터 위벽을 보호한다.

2단계 염산이 분비된다. 염산은 강산성 물질로 살균 작용을 하며 음식물의 부패를 막고, 단백질 소화 효소인 펩신의 작용을 돕는다.

3단계 펩시노겐이 단백질 분해 효소인 펩신으로 바뀐다. 이미 분비된 펩시노겐이 염산에 의해 펩신으로 활성화된다.

4단계 유문 괄약근이 조여 위 양쪽 끝의 통로를 닫는다. 위가 수축 운동을 하는 동안 음식물이 식도로 올라가거나 십이지장으로 내려가지 못하게 한다.

5단계 위의 수축 운동으로 음식물과 위액을 섞어 죽처럼 만들어 십이지장으로 내려보낸다. 알코올 등 일부 영양소는 위에서 흡수된다.

인체의 위 소화 작용의 5단계 '순서'는 차례로 진행되어야 한다. 만약 위 벽이 뮤신으로 코팅되기 전 염산이 먼저 나온다면 위벽은 녹거나 상처를 입을 것이다. 또 단백질 소화 효소인 펩신이 위벽을 코팅하기 전에 분비된다면 위벽이 소화되어 녹아버릴 것이다. 그래서 각 소화 작용들이 정해진 순서에 따라 차례로 일어나지 않으면 정상적인 소화 작용은 어렵게 된다.

지금 전 세계에 있는 80억의 사람들은 모두 동일한 불변적 소화 시스템으로 살아가고 있다. 이 소화 시스템은 인류가 지구상에 출현한 수백만 년 전부터 지금까지 변함없이 불변적으로 작동하고 있다.

제4장 우연으로 가능한가?

우연으로 가능한가?

　"사과가 '우연히' 땅에 떨어졌다"는 말은 이 일이 일어난 원인을 타당하게 설명한 말일까? 아니다. 우리는 일상생활에서 쉽게 '우연히' 떨어졌다고 말하지만, 그 낙하의 원인을 정확히 지적하지는 않는다. 지구상에 있는 나무에서 떨어지는 열매는 예외 없이 지구 중심을 향하여 지표면으로 떨어진다. 지구의 중력이 당기기 때문이다. 가지에 달린 열매가 낙하하려면 서로 연결된 결합력이 중력보다 약해져야 한다. 중력만 작용할 때 열매는 지구 중심을 향하여 수직으로 떨어질 것이다. 하지만 이때 바람이 분다면 열매는 중력과 바람의 힘의 합력이 만드는 수직에서 조금 벗어난 위치에 떨어지겠지만 중력이 작용하는 지구 중심 방향은 변함없다. 그러므로 지구상에서 열매가 땅에 떨어지는 핵심 원인은 '중력'이다. 그래서 "사과가 '우연히' 땅에 떨어졌다"는 표현은 틀린 말은 아니지만 낙하의 원인을 바르게 표현한 말은 아니다.

그렇다면 우연은 낙하에 어떤 영향을 미쳤을까? 우연은 그 사과가 떨어진 시각과 장소에 영향을 미쳤다. 사과와 가지의 연결 고리의 강약은 생장 변수의 우연적 영향이 있고, 사과가 떨어진 장소도 우연적 기후변화의 영향을 받을 수 있기 때문이다.

이 장에서는 자연현상에 우연적 요소가 어떻게 영향을 미치는지 살펴 보려고 한다. 생물학, 특히 진화생물학에서 '우연'은 중요한 변수이다. 우연적 요소는 변화의 시기나 장소에 영향을 미친다. 이 우주에 어떤 사건이 언제, 어디에서 일어날지는 우연적이다.

이 장은 다음 4개의 주제로 진행된다.

4-1 달걀의 타원은 우연으로 만들어질 수 있을까?
4-2 다이아몬드는 우연으로 만들어질 수 있을까?
4-3 물은 우연으로 만들어질 수 있을까?
4-4 원자는 우연으로 만들어질 수 있을까?

4-1
달걀의 타원은
우연으로 만들어질 수 있을까?

■ 달걀의 타원

달걀의 불변적 타원은 최초에 어떻게 만들어졌을까?
이 불변적 타원이 우연으로 만들어질 수 있을까?

여기 달걀이 있다. 달걀이 주는 형태적 느낌의 편안함은 그 '타원'에 있다. 어제도, 오늘도 이 지구상의 닭들이 낳은 수십, 수백억 개의 달걀들은 모두 크기는 조금 달라도 그 형태는 불변적 타원이다. 천 년 전, 만 년 전에도 그랬을 것이다. 이 불변적 타원이 우연으로 만들어질 수 있을까?

타원… 달걀의 이 타원은 어떻게 만들어진 것일까? 다윈의 진화론은 이렇게 말한다. 조류의 한 종이 알을 낳았는데 그 이전에 없었던 새로운 타원형 알이 '우연히' 출현했다. 이 타원형 알은 잘 굴러떨어지지 않아 더 많은 새끼가 태어날 수 있었고, 이 알에 자연선택이 누적되어 그 종은 번성하고, 그 알의 타원은 불변적 타원이 되었다. 여기서 사례로 지칭한 달걀은 진화의 역사에 최초 출현한 타원형 알을 의미한다. 실제 최초의 타원형 알은 어떤 파충류나 다른 조류의 알일 수도 있다. 문제는 다윈 진화론에서 주장하는 것처럼 최초의 타원형 알이라는 '변이'(그 이전에 생명의 역사에 없었던 형질)가 어떻게 '우연'으로 만들어지고 또 '불변적 타원'이 될 수 있는가 하는 점이다.

4-1-1 타원이란

타원은 둥글고 길쭉한 원이다. 수학적으로 정의하면, 타원은 평면 위의 두 정점(초점이라고도 함)으로부터 거리의 합이 일정한 점들의 집합이다. 원과 타원의 중요한 차이점은 원은 초점(원의 중심)이 한 곳이지만, 타원은 초점이 두 곳이다. 그래서 원에서 지름(원에서 초점까지의 거리)은 일정하지만, 타원에서는 타원 위의 한 점에서 두 초점까지의 거리의 합이 일정하다. 쉽게 보면 엉성한 타원 같지만 그 속에는 오묘한 수학적 신비와 물리적 신비가 숨어있다.

우리 지구가 태양을 돌고 있는 공전궤도는 타원이고, 모든 행성의 궤도는 타원이다. 케플러가 밝혀낸 '타원 궤도의 3 법칙'은 천문학 발전의 획기적 쾌거였다. 그런데 아직도 왜 행성이 꼭 원이 아닌 타원을 돌아야 하는지 그 이유를 필자는 정확히 잘 모르고 있다. 천문학을 좀 더 공부하면 찾을 수 있겠지만 필자가 나름대로 추리해 본 이유는 이렇다. 우주 공간을 떠돌던 천체가 행성이 되려면 어떤 행성 궤도에 진입해야 하는데 원 궤도는 전 구간의 속도가 일정하므로 그 속도가 일치하지 않으면 진입이 불가능할 것이다. 타원 궤도의 경우는 진입 속도의 범위가 넓어 쉽게 궤도 진입이 가능하기 때문이라고 생각한다. 또 별이나 천체는 항상 질량이 변하므로 질량이 변하면 중력도 변하므로 행성의 궤도가 바뀌어야 하고, 그때 원의 궤도가 바뀌는 물리적 방법은 상상하기 쉽지 않다. 아마 타원 궤도가 아니라면 이 우주 은하의 생성과 조화로운 운행 질서는 불가능했을 것이다.

행성 궤도의 타원이나 계란의 타원이나 그 타원이 수학적 타원인 점에서는 같다. 타원의 표준형 방정식은 다음과 같다.

$$\frac{x^2}{a^2} + \frac{y^2}{b^2} = 1$$

이 식에서, X와 Y는 타원 위의 한 점의 위치를 나타내고, a는 타원의 한 점에서 한 초점까지의 거리이고, b는 같은 점에서 다른 초점까지의 거리이다. a와 b의 거리의 합은 일정하므로 a의 길이가 늘어나면 b의 길이는 그만큼 줄어들고, a의 길이가 줄어들면 b의 길이는 그만큼 늘어난다. 타원에서 두 초점 사이의 거리가 멀어질수록 타원은 더 납작하고 길어진다. 달걀은 타원형 입체이다. 하나의 타원형 입체에는 크기와 모양이 서로 다른 수많은 타원이 있다.

4-1-2 **타원을 그려보면**

타원을 좀 더 이해하기 위해 평생 처음 타원을 그려보았다. 두 껍고 편편한 흰 종이판 위에 먼저 직선을 하나 그었다. 그 직선 위에 자루 있는 압정 2개를 임의의 간격으로 꽂은 다음 두 압정 사이의 거리의 2배가 조금 넘는 길이의 실을 묶어 둥근 고리를 만든다. 이 고리 안에 압정이 위치하고, 그 압정 침에 실이 걸리게 한다. 그리고 연필심으로 고리를 걸어 밖으로 당기면서 팽팽한 상태로 타원을 그린다. 타원의 두 초점거리와 실의 길이를 늘였다 줄였다 하는 여러 번의 시도 끝에 보통 달걀과 비슷한 크기와 모양의 타원을 그리는 데 성공했다. 타원의 중심에서 두 초점까지의 거리가 늘어나면 더 납작한 타원이 되고, 두 초점까지의 거리가 줄어들면 더 둥근 타원이 된다.

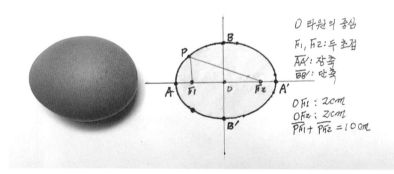

■ **직접 그려본 타원**

타원을 이해하기 위해 평생 처음 타원을 그려보았다. 실물과 비슷한 크기와 모양으로 그리기 위해 여러 번의 시도 끝에 수학적 조건을 찾았다. 장축 6cm, 단축 4.5cm, 중심에서 한 초점까지의 거리 2cm, 작도용 실 고리의 둘레 길이 10cm.

4-1-3 껍질의 역할

우리 인류가 달걀을 안심하고 쉽게 먹을 수 있는 데는 달걀 껍질의 역할이 크다. 달걀 껍질은 그 내용물을 외부 환경으로부터 보호한다. 부화될 때까지 필요한 영양분의 변질을 막고 안전하게 보호한다. 세균이나 불순물의 침투는 막고 필요한 공기는 출입시킨다. 알의 주성분은 단백질이지만, 껍질은 무기질인 탄산칼슘($CaCO_3$)이 주성분이다.

껍질의 일차적 기능은 형태를 유지하고 내용물을 보호해야 하므로 단단해야 한다. 그 단단한 정도는 부화 시 병아리들의 탈출이 가능할 정도의 단단함이어야 한다. 살아있는 달걀은 숨을 쉬어야 하므로 공기가 드나들 수 있는 작은 구멍들이 분포되어야 한다. 그리고 잘 굴러떨어지지 않아 생존력을 높이게 그 형태는 '타원'이어야 한다.

4-1-4 타원의 형성

달걀의 타원형 껍질의 형성과정을 살펴보자. 껍질의 성분은 달걀의 타원형 입체 표면의 어느 한 점의 위치에 수송되어야 한다. 논의를 단순화하기 위해 다른 여러 조건은 생략하고 오직 하나의 '타원 위의 한 점에 도달되는 방법'만 생각하자. 껍질의 성분이 도달해야

할 타원 위에 있는 분자 단위 점의 수는 '0'을 셀 수 없을 만큼 많지만 이것도 축소해 10,000곳 정도라고 가정하자. 어떻게 이 표면 타원의 10,000곳의 각각 다른 위치에 껍질 성분을 고루 수송할 수 있을까?

수송을 위해서는 도착지의 위치 정보가 필요하다. 타원형 표면의 한 지점은 3차원 입체 공간의 한 점의 위치이다. 3차원 공간에서 정확한 위치를 나타낼 수 있는 방법은 인간의 능력으로는 수학적인 방법밖에 없다. 공간 좌표에서 가로, 세로, 높이를 나타내는 점 P(a, b, c)로 나타내거나, 타원 방정식을 이용해 한 점의 위치로 나타낼 수 있다. 수학적인 방법 이외에 공간상의 정확한 위치를 표현할 수 있는 간단하고 정확한 방법은 없다. 수학적으로 표현되는 3차원 타원형 입체 표면의 각기 다른 10,000곳에 껍질 성분이 골고루 수송되어야 타원형 껍질이 만들어질 수 있다.

4-1-5 불변적 타원은 우연으로 만들어질 수 없다

'달걀의 타원이 우연으로 만들어질 수 있는가'를 알아보기 위해, 앞에서 타원과 그 수학적 성격 그리고 껍데기의 형성과정 등을 살펴보았다. 이를 바탕으로 논리적으로 판단할 때, 자연 상태에서 달걀의 타원이 일회적으로 우연히 어떤 천문학적인 확률로 만들어질 수 있을지는 몰라도 그 타원이 '불변적'으로 만들어지는 것은 불가능하다. 그 이유는 다음과 같다.

● '불변적 타원'이 우연으로 만들어질 수 없는 이유

1. 타원은 수학적 규칙이 필요하다

타원 위의 한 점의 위치는 수학적 방법이 아니면 정확히 지정할 방법이 없다. 달걀 껍질이 만들어지려면 껍질 성분이 수송되어야 할 목적지가 정확히 지정되어야 한다. 달걀 표면의 모든 지점은 타원형 3차원 입체 공간에 위치하는 점들이다. 이 타원형 입체 공간에 있는 껍질의 모든 위치에 껍질 성분이 고루 수송되어야 한다. 성분이 가야 할 목적지의 모든 위치를 정확히 표현할 수 있는 방법은 수학적 방법이다. 수학적 규칙은 불변하기 때문에 우연은 수학적 규칙을 구현할 수 없다. 따라서 달걀의 타원은 우연적 변화로 만들어질 수 없다.

2. 우연은 언제, 얼마를 알지 못한다

껍질 성분이 수송되어야 할 목적지를 아는 것이 일차적으로 필요하지만, 또 언제 그 활동이 일어나야 하는지, 그리고 또 얼마의 양이 필요한가를 알아야 하는 데, 우연은 그것을 알 수 없다. 우연은 어떤 생명 활동의 목적성과 방향성을 알 수 없다. 그것은 생명 활동을 일으키는 생명규칙과 생명시스템만이 알고 있다. 따라서 껍질 성분이 언제, 얼마의 양이 수송되어야 하는지를 알지 못하는 우연은 달걀의 타원형 껍질을 만들 수 없다.

3. 불변적 타원은 우연으로 만들어질 수 없다

불변적 타원은 천 년 전에도, 지금도 변함없는 달걀의 타원이며, 닭의 생식 과정에서 유전되는 불변적 타원이다. 이 불변적 타원은 우연으로 만들어질 수 없다. 우주 자연에 있는 모든 불변성은 자연규칙이 만든 것이다. 자연규칙이 아닌 어떤 것도 불변성을 만들 수 없다. 따라서 달걀의 타원은 우연으로 만들어질 수 없다. 수학적 설계나 고도의 지적 설계가 없이는 달걀의 불변적 타원은 만들어질 수 없다.

4-2
다이아몬드는 우연으로
만들어질 수 있을까?

영원한 사랑과 아름다움을 상징하며 찬란하게 반짝이는 보석 다이아몬드… 금강석으로도 불리는 다이아몬드는 순수 탄소 결정체로 지구상에서 가장 경도가 높은 광물이다. 이 다이아몬드는 우연으로 만들어질 수 있을까?

탄소 원자끼리 모여 어떤 것은 흑연이 되고 또 어떤 것은 다이아몬드가 된다. 결과만 놓고 본다면 흑연이나 다이아몬드가 되는 원인은 우연처럼 보인다. 그러나 그 생성 과정의 결정적 원인을 살펴보면 우연이 아니라 필연이다.

■ **아름답게 반짝이는 다이아몬드**
가장 선호되는 보석 다이아몬드는 우연으로 만들어질 수 있을까?

4-2-1 논리적 접근

자연에서 일어나는 어떤 변화의 원인을 바르게 알려면 논리적 접근이 필요하다. 우주 자연에서 일어나는 변화에는 여러 요인들이 복합적으로 영향을 미친다. 변화의 본질을 알려면 그 변화를 만드는 핵심적 원인을 알아야 한다.

"다이아몬드는 우연으로 만들어질 수 있을까?" 하는 논의의 초점은 다이아몬드가 생성되는 중심적, 결정적 원인이 무엇인가 하는 것이다. 사람들은 흔히 잘 모르는 일에 대해 우연히 그렇게 되었다고 아주 쉽게 단정한다. 그런데 진리를 탐구하는 학문의 세계에서도 너무 쉽게 우연으로 단정하거나 추정해 버리는 경우가 있다. 특히 우주나 생명 탄생의 초기 사건들에 대해 잘 알 수 없거나 결코 알 수 없는 일들에 대해 '모른다'고 정직하게 말하지 않고 '우연히' 그렇게 되었다고 쉽게 추정한다.

4-2-2 다이아몬드의 물성

다이아몬드는 순수한 탄소(C) 원소만으로 이루어진 탄소의 결정체로 금강석이라고도 한다. 흑연과 함께 탄소 동소체 중 하나이다. 굳기가 10으로 지구상에서 가장 단단한 광물이다. 다이아몬드 결정 구조는 외부에서 가해지는 힘을 고루 분산시키기에 압축력에 대한 저항이 강해 경도는 아주 높지만 충격이나 파쇄 그리고 열에 대한 저항은 상대적으로 약한 편이다. 빛을 반사·굴절시키는 성질이 뛰어나 다면체로 가공하면 화려하고 아름다운 빛을 내는 값비싼 보석이 된다. 정팔면체나 정육면체의 결정을 이루며, 결정 색은 무색, 노란색, 파란색, 검은색 등을 띈다. 다이아몬드는 남아프리카와 브라질 등에서 암석에 섞인 것을 캐내며, 우리나라에서는 생산되지 않는다.

4-2-3 **다이아몬드의 구조**

수소 원자만으로 이루어진 분자는 H_2밖에 없고, 산소 원자만으로 이루어진 분자는 O_2와 O_3밖에 없다. 이와 달리 탄소 원자는 **원자가전자**(가장 바깥 전자껍질에 배치되어 있는 전자)가 4개로 다른 탄소 원자와 다양한 결합이 가능하다.

다이아몬드는 탄소 원자 4개가 상하좌우로 동일한 간격, 동일한 각도의 **공유결합**의 정사면체 구조로 치밀하게 결합할 수 있어 매우 단단하며 최상급의 경도를 갖는다. 탄소 원자의 결합은 연속적으로 여러 층과 형태로 다양한 결합이 가능해 탄소로만 이루어진 탄소 동소체가 존재한다. 탄소 동소체에는 천연으로 다이아몬드, 흑연, 비결정탄소 등이 있고, 인공 합성 동소체로는 플러렌, 탄소 나노튜

브, 그래핀 등이 있다. 탄소는 어떤 원자보다 결합력이 우수해 다른 원자와 결합한 탄소화합물의 종류는 무려 수천만 종에 달한다.

4-2-4 생성 과정과 조건

다이아몬드는 탄소의 결정체이므로, 생성되려면 일차적으로 상당한 양의 탄소 집합체가 있어야 한다. 지구상의 탄소는 대기, 해양, 식물과 동물, 화석 연료, 퇴적암 등에 다양한 형태로 존재한다. 탄소는 생물체에서는 유기물 형태로 존재하고, 그 밖은 이산화탄소, 탄산이온, 석회암이나 석유, 석탄의 형태로 존재한다. 이 중 가장 압도적으로 많은 양은 지하 퇴적암에 존재한다. 이들 중 어떤 탄소 집합체가 다이아몬드 생성에 필요한 물리적 조건이 충족되었을 때 다이아몬드로 생성될 수 있다. 다이아몬드 생성에 필수적인 물리적 조건은 높은 온도와 초고압의 물리적 조건이다. 이때 섭씨 1,500℃ 정도의 고압은 지각에서 흔한 온도 조건이지만 '수만 기압 이상'이라는 초고압 조건은 형성되기 아주 어려운 조건이다. 그래서 지각에 탄소 집합체는 흔하지만 다이아몬드가 발견되는 곳은 아주 드물다.

다이아몬드는 대부분 지하의 깊은 120~250km의 암석권 맨틀 하부에서 만들어지는데, 대륙을 형성하는 지각의 맨틀 교대 작용이 일어날 때 주로 만들어진다고 한다. 드물게 다른 환경에서도 발견되는데, 지각 조건의 초고압 변성암이나, 운석, 하부맨틀이 포함된다. 지하 깊은 곳에서 만들어진 다이아몬드가 채굴 가능한 지상 가까운 곳으로 이동하려면 독특한 지질학적 과정이 요구되는데, 대부분의 경우 아주 드물게 '킴벌라이트'라는 화산 분출 방식으로 붙잡혀 올라온 것이라고 한다.

수만 기압은 얼마나 큰 압력일까? 지구 주위는 공기층이 둘러싸고 있는데 그 두께는 약 1,000km, 그 공기층이 지표를 누르는 압력이 1기압이다. 1기압은 수은을 약 760mm, 그리고 물을 약 10m 밀어 올리는 힘이다. 다이아몬드 생성에 필요한 수만 기압은 엄청나게 큰 압력이다. 1기압이 물을 약 10m 밀어 올린다면, 수만 기압의 힘은 물을 수십만 미터, 즉 수백 킬로미터 밀어 올리는 큰 힘이다. 이 압력의 크기는 에베레스트 산 10개가 누르는 압력보다 크다(에베레스트 산 높이 약 9km, 암석의 비중 약 3으로 계산하면, 에베레스트 산 10개의 무게는 물 기둥 270km가 누르는 힘과 비슷하다).

다이아몬드 생성에 필수적인 물리적 조건 다이아몬드가 생성되려면 먼저 탄소 집합체가 있어야 하고, 거기에 다이아몬드 생성에 필요한 물리적 조건이 충족되어야 한다. 탄소(C) 원자끼리만 결합해 분자 물질인 탄소 결정체가 되려면 자연규칙에 정해진 물리적 조건이 충족되어야 한다. 그 물리적 조건은 섭씨 약 1,500℃ 전후의 고온과 수만 기압 이상의 초고압 조건이다. 지각에서 이 정도의 고온 조건의 기회는 어렵지 않게 만날 수 있지만 초고압 조건은 위에서

본 것처럼 아주 어렵다. 대륙을 형성하는 지각판의 큰 압력 정도라야 쉽게 생성될 수 있을 것이다. 그래서 다이아몬드 생성에 필요한 다른 여러 조건들이 모두 충족되어도 이 어려운 초고압 조건이 동시에 충족되지 않으면 다이아몬드는 생성되지 못한다. 그래서 다이아몬드는 지구에서도 희귀한 광물이지만 우주의 다른 행성에서도 아주 드문 광물이다.

4-2-5 다이아몬드가 우연으로 만들어질 수 없는 이유

다이아몬드가 우연으로 만들어진다는 말은 다이아몬드를 만드는 핵심적 원인이 '우연'이라는 말이다. 우주 자연에서 어떤 사건의 발생에는 여러 조건들이 영향을 미친다. 중요한 것은 그것이 핵심적이고 결정적인 조건인가 하는 점이다.

1. 다이아몬드 생성의 핵심적 조건은 물리적 '초고압' 조건이다

탄소 원자를 다이아몬드 분자로 결합시키는 핵심적 조건은 '고온과 초고압'의 물리적 조건이다. 구체적 조건은 '1,500℃ 정도의 고온과 수만 기압 이상의 초고압'이다. 이 물리적 조건이 충족되지 않으면 어떠한 탄소 집합체도 다이아몬드의 분자결합이 일어나지 않는다. 이 물리적 조건이 충족되지 않는 상태에서는 어떤 경우에도 다이아몬드는 생성되지 않는다. 우주에 있는 어떤 탄소 집합체에 '수만 기압'이라는 초고압이 없는 상태에서 다른 어떤 물리적 조건들이 우연히 수천만 번 충족되어도 결코 다이아몬드는 생성되지 않는다.

2. 우연은 장소나 시기 등에 영향을 미칠 뿐이다

우주 자연에서 일어나는 대부분의 사건들은 우연의 영향을 받는다. 다이아몬드가 우주의 어디에서, 언제 만들어지느냐 하는 장소와 시기는 예정되어 있지 않고 가변적이고 우연적이다. 또 하나의 다이아몬드 결정체의 크기를 결정하는 데도 여러 우연적 변화들이 복합적으로 영향을 미치므로 우연적이다. 하지만 다이아몬드 생성에서 장소, 시간, 크기 등의 조건이 아무리 바뀌어도 핵심적 물리적 조건이 충족되지 않으면 다이아몬드는 생성되지 않는다.

3. 우연은 자연규칙에 영향을 미칠 수 없다

다이아몬드 생성의 핵심적 조건인 '고온과 초고압' 조건은 물리적 조건이다. 그리고 다이아몬드는 탄소 원자 4개가 상하좌우로 동일한 간격, 동일한 각도의 공유결합의 정사면체 구조로 결합해 매우 단단하며 최상급의 경도를 갖게 하는 분자 구조도 물리규칙으로 만들어진다. 또 다각도로 반짝이는 성질을 갖게 하는 정팔면체나 정육면체의 결정 구조를 만드는 것도 물리규칙이다.

자연규칙인 물리규칙은 어떤 경우에도 새로 생겨나거나 바뀌거나 변할 수 없다. 당연히 다이아몬드 분자 구조를 만드는 물리규칙도 마찬가지다. 따라서 다이아몬드 성질에 어떤 영향을 미칠 수 없는 우연적 변화가 다이아몬드의 생성의 본질적 원인이 될 수 없다.

4-3

물은
우연으로 만들어질 수 있을까?

● 중요한 물음

물은 '우연'으로 만들어질 수 있을까? 이 물음은 중요하다. 그 이유는 물은 모든 생명체의 중요 구성 성분이며, 생명과 불가분의 필수적 관계에 있기 때문이다. 물이 우연으로 만들어질 수 없다면, 생명체도 우연으로 만들어질 가능성은 거의 없다.

물은 생명체를 구성하는 기본 성분이다. 생물의 종류에 따라 다르지만 물은 생물 몸의 약 60~90%를 차지한다. 물은 동식물 조직 세포의 구성 성분이며, 영양 섭취를 비롯해 생명 현상에 필수적이고 중요한 역할을 한다. 물 없이 생명체는 존재할 수 없다. 물이 우연으로 만들어질 수 없다면, 생명은 우연으로 탄생할 수 없다.

4-3-1 물과 생명체

외계에 생명체가 존재할까? 지난 수천 년 동안 동화 속에서 또 막연한 공상으로 가졌던 이 의문이 이제는 당면한 과학적 질문이 되었다. 갈릴레이, 케플러, 뉴턴 이후 천문학이 비약적으로 발전하면서 외계 생명체에 대한 탐구가 본격화되고 있다. 생명체가 존재할 수 있는 첫째 조건은 '액체 상태의 물'의 존재 여부이다. 현재 진행 중인 인류의 외계 생명체 탐사프로젝트는 일차적으로 물의 존재 가능성이 높은 우리 태양계의 화성과 목성의 위성, 토성의 위성 탐사로 이어지고 있다.

액체 상태의 물은 비열이 높아 생물을 급격한 외부 온도 변화로부터 보호하며, 안정적인 기후 환경을 유지한다. 물은 유동성이 크고 뛰어난 용매로 다양한 물질을 녹여 생물체를 순환하며 영양분을 공급하고 노폐물을 배출하는 등 생명 활동을 필수적으로 지원한다.

● 물의 기원

우주에는 수소(H)가 가장 많고, 둘째로 헬륨(He)이 많으며, 셋째로 많은 원소가 산소(O)다. 그 조건만으로 볼 때 물은 우주에 흔한 물질이어야 하지만 실제는 그렇지 않다. 우선 수소의 핵융합 반응이 지속 중인 항성인 뜨거운 별에는 물이 존재하기 어렵다. 그렇다면 물은 항성이 아닌 행성이나 천체 중에 존재할 가능성이 높다. 별과 은하가 만들어지고 해체되는 과정에서 어떤 물리적 조건이 주어졌을 때 수소와 산소가 충돌하면서 물이 생성되었을 것이다.

지구의 물이 어디서 왔고, 어떻게 생성되었는지는 확실하지 않다. 신생 지구에 성운으로부터 대량의 물이 유입되었다는 설이 있다. 원시 지구에 소행성이나 혜성의 충돌이 우박처럼 쏟아진 때가 있었고, 이때 거의 80%가 물인 혜성이나 소행성으로부터 전달되었을 것이라는 설이 현재로는 유력하다.

4-3-2 물분자의 구조와 극성

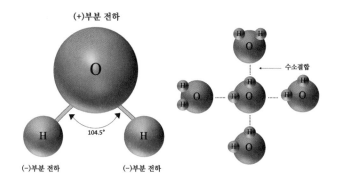

■ **물분자의 구조**

물분자는 산소 원자 1개와 수소 원자 2개의 강한 공유결합으로 만들어진다. 이웃하는 물분자끼리는 약한 수소결합으로 연결되며, 물의 다양한 성질을 만든다.

물의 불변하는 성질은 구성 원소의 불변성과 그 구조에서 나온다. 수소 원자 2개와 산소 원자 1개가 만드는 그 단순한 구조에서 다양한 성질들과 생명에 필수적인 여러 성질들이 만들어진다는 사실은 신비하다.

물분자의 구조   물분자(H_2O)는 수소(H) 원자 2개와 산소(O) 원자 1개가 결합하여 만들어진다. 물분자는 수소와 산소 원자가 각각 1개의 전자를 내놓아 전자쌍을 만들고, 이 전자쌍을 함께 나누어 가지는 강한 '공유결합'으로 결합되어 있다. 수소는 빅뱅 후 최초의 원자로, 1개의 양성자와 1개의 전자로 이루어진 가장 간단한 원자이며, 우주에 가장 많이 존재하는 원소이다. 산소는 각각 8개의 양성자와 중성자를 가진 원자핵과 8개의 전자로 이루어지며, 우주에 셋째로 많은 원소이다.

산소 원자와 수소 원자는 공유결합을 하는데, 이 결합에서는 원자들이 전자들을 서로 공유한다. 물분자를 이루는 산소와 수소의 세 원자는 직선형이 아니라 이등변삼각형 구조이다. 산소를 정점으로 이등변이 이루는 각도는 104.5°이다. 산소 원자의 바깥 껍질에 있는 4개의 전자쌍은 서로 반발하여 물분자에 사면체의 입체 모양을 제공한다. 이 3차원 구조는 비대칭적이며 한쪽은 음전하를, 다른 쪽은 양전하를 띠게 되어 물분자는 극성이 매우 큰 분자가 된다. 이 드문 양쪽성 극성은 물의 물리적 성질과 화학적 반응성에 큰 영향을 미친다.

물분자의 극성 산소 원자는 수소 원자보다 전자에 대한 친화력이 월등히 크기 때문에 전자는 산소 쪽으로 끌린다. 그 결과 산소 원자는 약한 음(-)전하를, 수소 원자는 약한 양(+)전하를 띤다. 이처럼 물분자는 양전하와 음전하를 동시에 띠는 극성분자다. 소금이나 설탕 등 물에 녹는 물질들은 모두 그 물질의 분자들과 물분자들이 전기적으로 결합한 것이다. 물분자는 음전하와 양전하를 동시에 갖는 특이한 극성으로 다양한 물질의 용해성이 높아 생물체 내에서 여러 물질의 운반을 담당한다. 또한 물은 화학 반응의 매개체로 활동하여 물질대사가 원활히 진행되도록 한다. 이 극성은 물리적 성질과 화학적 반응성에 중요한 영향을 미친다.

4-3-3 수소결합

물분자의 산소 쪽은 음전하를 약하게 띠고, 수소 쪽은 반대로 양전하를 약하게 띤다. 이 전기적인 성질 때문에 물분자들은 가까워지면 서로를 끌어당겨 이어진다. 이것이 물분자의 수소결합이다. 한 개의 물분자는 최대 4개의 물분자와 이어질 수 있다. 이렇게 물분자들이 서로 결합한 것이 바로 물이라는 액체이다. 액체는 담긴 그릇에 따라 자유롭게 모양을 바꿀 수 있는 것은 액체 속의 분자들이 어느 정도 자유롭게 움직일 수 있기 때문이다. 그래서 물분자들의 위치는 수시로 변한다. 물분자들은 위치가 변하면서 멀어진 물분자와는 수소결합을 끊고 가까워진 물분자와는 새롭게 수소결합을 한다. 이렇게 물분자들은 움직이면서 끊임없이 수소결합을 되풀이한다.

수소결합은 물분자를 뭉치게 하여 응집력을 만들어 낸다. 이 응집력이 물방울을 둥글게 하는 표면장력을 만든다. 표면장력으로 이슬방울은 둥글고, 비눗방울은 풍선 모양으로 부풀 수 있고, 소금쟁이는 물 위를 걸어 다닐 수 있다. 식물이 중력을 거슬러 물을 높은 곳까지 이동시킬 수 있는 것도 물의 응집력 덕분이다.

수소결합에는 에너지가 필요하므로 물은 비열과 열용량이 아주 크다. 지구 표면의 약 70%는 물로 덮여있고 지구에서 가장 많은 물질도 물이다. 그래서 지구는 낮과 밤 그리고 겨울과 여름의 기온과 기후변화의 차가 크지 않아 생물이 살아가는 데 좋은 환경을 제공한다. 또 생물체는 외부의 급격한 온도 변화에도 적응할 수 있는 여유를 가지며 일정한 범위의 체온을 유지할 수 있다.

4-3-4 기화와 증발

물이 액체에서 기체로 변화는 조건에는 '기화'와 '증발'이 있다. 기화는 물이 100℃로 온도가 상승하면서 물 전체에서 수증기가 발생하는 현상이다. 증발은 물 표면에서 일어나는데, 0℃에서 상온 등의 다양한 온도 범위에서 물이나 얼음이 수증기로 변하는 현상이다. 증발은 바다, 강, 대지 등 지구 표면의 물이 있는 곳에서는 어디서나 일어난다. 특히 광합성 작용과 함께 식물의 잎에서는 증산작용으로 미세한 기공을 통해 광범위한 물의 증발이 일어난다.

0℃의 수증기가 생기는 과정을 구체적으로 보자. 지표면의 얼음에 햇빛이 비쳐 얼음이 녹을 때 자외선과 복사열로 얼음에서 바로 수증기로 승화가 일어날 수 있고, 그 순간의 수증기는 0℃일 것이다. 그리고 얼음이 녹은 0℃의 물에서 증발이 일어나면 그 순간의 수증기도 0℃일 것이다. 우리가 일상적으로 쉽게 볼 수 있는 상황으로, 옥외의 0℃의 기온에서 건조되고 있는 빨래를 생각해 보자. 빨래는 0℃에서도 건조된다. 빨래가 품고 있는 빙점의 물방울이 수증기로 승화될 때 그 순간의 수증기의 온도는 0℃일 것이다.

4-3-5 불변하는 물의 성질

물의 성질은 불변한다. 그 불변성은 물을 구성하는 수소와 산소 원자의 성질이 불변하며, 물의 구성 입자들이 만드는 분자 구조가 불변하기 때문이다. 물의 불변적 성질을 구체적으로 살펴보자.

1. 물은 0℃에서 얼고, 100℃에서 끓는다

순수한 물은 1기압에서 0℃에서 얼고, 100℃에서 끓어 수증기가 된다. 산 위에서 물이 100℃보다 낮은 온도에서 끓는 것처럼 기압에 따라 기화점은 달라질 수 있다. 또 바닷물이 0℃보다 낮은 온도에서 얼듯이 응고점도 용해 물질에 따라 달라질 수 있다. 이처럼 기화점이나 응고점이 달라지는 것은 모두 물리규칙에 따른 것이지 어떤 우연한 변화의 결과는 아니다. 물이 얼 때는 응고열이 방출되고, 물이 수증기로 될 때는 기화열이 공급되어야 한다. 물의 응고열은 80cal/g이고, 기화열은 539cal/g이다. 액체에서 고체로 또는 액체에서 기체로 물이 상태변화를 하는 동안에는 온도가 변하지 않는다. 에너지가 상태변화를 시키는 데 사용되기 때문이다.

2. 물은 0℃에서 액체, 고체, 기체로 존재할 수 있다

물은 아주 예외적으로, 0℃에서 액체, 고체, 기체의 상태로 존재할 수 있다. 동일한 온도에서 액체, 고체, 기체로 존재할 수 있는 다른 물질은 없는 것으로 알려져 있다.

3. 얼음은 물에 뜬다

일반적으로 동일한 물질에서, 고체는 액체보다 밀도가 크고 더 무겁다. 그런데 물은 예외로, 비금속물질 중에서 유일하게 액체의 밀도가 고체보다 크다. 물은 고체인 얼음이 액체인 물보다 가볍다. 그래서 얼음은 물에 뜬다. 물이 얼면 고체가 된 얼음은 액체 상태의 물보다 부피가 커지고 상대적으로 가벼워진 얼음은 물에 뜬다. 물이 담긴 플라스틱병이 냉동되어 얼었을 때의 부푼 모습이 이를 잘 보여준다.

위와 같은 현상은 물분자의 결합구조 때문에 일어난다. 물이 얼면서 액체 상태에서는 유동적인 수소결합을 하고 있던 물분자들은 4개의 고정적인 수소결합을 형성하게 된다. 이때의 수소결합은 입체 육각 구조를 형성하게 되는데, 이 구조에서 물분자들 사이에 빈 공간이 생긴다. 이처럼 얼음에서 빈 공간이 더 많은 구조를 갖기 때문에 고체 상태인 얼음이 물보다 부피가 커지고 밀도가 낮은 상태가 된다.

얼음이 물에 뜨는 예외적인 현상은 겨울철 수중생물의 생존과 관련이 있다. 만약 얼음이 물보다 무거우면 개천이나 호수는 바닥부터 먼저 얼게 되고, 물 전체가 얼음판으로 변하는 시간도 크게 단축될 것이다. 자연의 배려는 얼음이 가벼워 먼저 언 표면의 얼음판은 심한 추위에 대한 보호막이 되고, 결빙을 늦추며 수중생물의 생존 환경을 유지한다.

4. 물의 밀도는 4℃에서 가장 크다

물의 밀도는 온도에 따라 계속 바뀌는데, 섭씨 4℃일 때 가장 크다. 따라서 물의 비중은 4℃에서 가장 크고, 이때 물의 무게도 가장 무겁다. 일반적으로 온도가 올라가면 분자 운동이 활발해져 분자 간 거리가 멀어지므로 밀도는 감소한다. 그런데 물은 예외적으로 0℃에서 물의 밀도가 가장 크지 않고 4℃일 때 가장 크다.

물이 4℃에서 가장 무거워지는 이 예외적 성질은 겨울철 수중생물을 보호한다. 그렇지 않고 냉각될수록 더 무거워진다면 겨울철 호수와 바닷물의 수온 분포는 바닥으로 갈수록 차가워지게 된다. 표면에서 더 냉각된 물과 얼음이 가라앉으면서 물 전체의 냉각 속도는 빨라지고 물 전체가 얼음이 되는 기간도 크게 단축될 것이다. 또 겨울이 지나 수온이 올라가는 기간도 오래 걸리고, 깊은 바닥은 여름철이 되어도 얼음이 녹지 않을 수도 있다.

5. 물은 비열과 열용량이 가장 크다

물은 우리가 아는 물질 중 비열이 가장 크다. 물의 비열을 기준으로 하여 '1'로 정하고, 그것을 기준으로 다른 물질의 상대적인 비가 그 물질의 비중이다. 예를 보자. 알코올 0.58, 콩기름 0.56, 알루미늄 0.21, 철 0.11, 구리 0.09, 목제 0.41, 유리 0.20, 모래 0.09이다.

비열은 어떤 물질 1g의 온도를 1℃ 높이는 데 필요한 열량이다. 비열이 큰 물질은 온도를 높이려면 그만큼 비례적으로 많은 열량이 필요하다. 반면에 비열이 작은 물질은 온도를 높이는 데 비례적으로 적은 열량으로 높일 수 있다. 그래서 물 1kg의 온도를 일정 수준까지 올리는 열량으로 같은 양의 콩기름은 약 2kg, 철은 9kg의 온도를 올릴 수 있다. 물은 비열이 가장 크므로 열용량도 가장 크다. 물은 같은 양의 온도를 올리는 데 다른 물질보다 가장 많은 열량이 필요하므로, 그만큼 상대적으로 많은 열량을 보유하게 된다.

물은 비열이 가장 크므로 지구 표면의 물은 지구 평균 기온의 급격한 변화를 막아 지구 행성의 안정적인 기온을 유지해 생명체가 살기 좋은 환경을 제공한다. 또 생물체를 급격한 외부 환경의 온도 변화로부터 보호한다.

6. 물은 응집력이 크다

이슬방울처럼 물방울이 둥글게 되는 것은 물의 응집력 때문이다. 물분자끼리는 서로 수소결합으로 연결되어 있는데, 이 수소결합의 인력이 다른 분자와의 인력보다 강해 물의 응집력이 만들어진다. 물은 기본적으로 액체의 유동성을 가지면서 동시에 응집력이라는 결합력을 갖는다.

물의 응집력으로 물의 포면은 표면장력이라는 힘이 작용한다. 이 힘의 작용으로 물은 가득 담긴 잔에서 어느 정도까지는 잘 넘치지 않고, 소금쟁이는 물 위를 걸어 다닐 수 있다. 물방울에서 표면에 있는 물분자들은 분자 사이의 인력(중심으로 밀집한 인력)에 의해 내부로 끌리게 되고, 이 힘은 물방울의 중심과 가까워지려는 힘으로 표면의 각 점의 거리가 구의 중심과 가장 가까운 거리(반지름 거리)를 만들어 일정한 반지름의 둥근 방울을 만들게 한다.

물의 응집력은 생명 현상과 밀접한 관련이 있다. 식물에서 수분은 식물체 전체에 고루 공급되어야 한다. 필요한 모든 수분을 식물체의 주도적 작용으로 이동시키려면 막대한 에너지가 필요하다. 그러나 물의 응집력으로 뿌리에서 흡수된 물은 서로 연결되어 높은 가지의 잎까지 이동할 수 있다. 한 그루의 나무만 해도 하루 중 증산작용으로 대기로 발산하는 수분의 양은 아주 많다. 식물들은 이 물의 응집력으로 그 많은 물을 이동시키는 에너지를 절약할 수 있다. 어떤 과일나무가 이 에너지를 자체적으로 생산해 사용한다고 가정하면 과일의 생산량은 아마 반의반도 되지 못할 것이다.

또 만약 물의 응집력이 약해 물방울이 제대로 만들어지지 않는다면 어떤 일이 일어날까? 생명은 지금처럼 번창하지 못했을 것이고, 생명의 역사는 크게 지장을 받았을 것이다. 만약 물의 응집력이 약해 물방울이 제대로 형성되지 않는다면 맑은 날을 보기 쉽지 않을 것이다. 지표면에서 대기 중으로 올라간 수증기는 냉각되면서 아주 작은 물방울의 안개 같은 구름이 될 것이고, 이 구름들의 물방울이 더 커져서 비로 떨어지는 기간도 그만큼 길어질 것이다. 공중에서 수증기가 낙하할 정도의 무게를 갖는 물방울로 응결하는 시간도 늦어지므로 하늘은 심한 구름으로 덮여있는 날이 대부분일 것이다. 햇빛 에너지가 지상으로 제대로 전달되지 못하면 기후와 생명 환경은 크게 악화될 것이다.

7. 물은 뛰어난 용매이다

물은 많은 물질들을 녹인다. 이 세상에서 가장 다양한 물질들을 녹이고 함유하는 용매가 물이다. 설탕, 소금은 물에 잘 녹고, 커피, 녹차 등의 여러 성분도 물에 잘 녹아 그 맛과 향을 즐길 수 있다. 우리가 먹는 대부분의 음식물을 물에 끓여 그 국물을 먹는 것도 물에 녹은 성분이 있기 때문이다. 음료수의 종류는 얼마나 많고 다양한가. 우리가 마시거나 주사로 투입하는 수용성 약물들도 다양하고 많다. 인류가 누리는 먹고 마심의 이 모든 편리와 혜택은 물의 뛰어난 용매의 성질 덕분이다. 여기에 더하여 물로 목욕하고, 빨래는 대부분 물로 한다. 물이 몸과 의류에 묻은 더러운 여러 물질들을 잘 녹이기 때문이다. 참 물은 유능하다.

물이 여러 물질들을 잘 녹일 수 있는 것은 물분자의 극성 때문이다. 그것도 양(+)전하와 음(-)전하를 동시에 갖는 특이한 극성으로 여러 성분의 분자 물질들과 결합할 수 있기 때문이다(앞의 물의 극성 참고).

4-3-6 물이 우연으로 만들어질 수 없는 이유

우주와 자연에서 일어나는 대부분의 사건들은 우연의 영향을 받는다. 물이 우주의 어느 곳에서 만들어지느냐는 예정되어 있지 않다. 물의 생성에 필요한 물리적 조건이 충족되면 어느 곳이든 물은 생성될 것이다. 그리고 물이 언제 생성되느냐도 예정되어 있지 않다. 물리적 조건이 충족되면 마찬가지로 어느 때든 물은 생성될 것이다. 이와 같이 물이 만들어지는 장소나 그 시기는 우연의 영향을 받는다. 하지만 우연은 어떤 변화가 일어나는 장소나 시기 또는 양적 크기 등에 영향을 미칠 뿐 물의 성질에는 영향을 미칠 수 없다(제9장에서 논증).

물이 우연으로 만들어질 수 없는 이유는 다음과 같다.

1. 물의 성질은 불변한다

물은 0℃에서 얼고, 100℃에서 끓어 수증기가 된다. 물이 온도에 따라 액체, 고체, 기체로 상태변화 하는 성질은 불변한다. 또 예외적으로 고체인 얼음이 액체인 물에 뜨는 물의 성질은 불변한다. 물의 다른 성질들도 마찬가지다. 우주의 어느 곳에 있더라도 물의 성질은 불변한다. 그리고 수십억 년 전이나 지금이나 물의 성질은 변함없다.

물은 수소와 산소가 오다가다 우연히 만난다고 생성되는 것이 아니라, 물이 생성되는 온도, 압력 등 물리적 조건이 충족되었을 때 만들어진다. 물은 물리규칙, 즉 자연규칙으로 만들어진다. 물의 불변성은 자연규칙이 만드는 것이다.

2. 물분자의 구조는 불변한다

물은 2개의 수소 원자와 1개의 산소 원자가 결합하여 만들어진다. 이때 수소와 산소는 공유결합을 하며, 두 수소가 산소를 정점으로 결합하여 이루는 이등변삼각형에서 이등변이 이루는 각도는 $104.5°$이다. 그리고 산소 원자의 바깥 껍질에 있는 4개의 전자쌍은 서로 반발하여 물분자에 사면체의 입체 모양을 제공한다. 이 3차원 구조는 비대칭적으로, 물분자를 극성이 매우 큰 분자로 만든다.

물의 고유하고 특별한 성질들은 물분자의 구성 원소와 불변적 구조로부터 나온다. 물분자의 구조는 자연규칙이 만들며, 물의 성질 또한 자연규칙에서 주어진 것이다. 자연규칙은 불변하며 그 자연규칙에서 주어진 물의 성질은 불변한다.

3. 물의 분자식은 불변한다

물은 수소(H) 원자 2개와 산소(O) 원자 1개가 결합한 분자 물질이다. 모든 분자는 원자들이 결합하여 만들어진다. 그래서 분자는 그 분자를 구성하는 원자들의 종류와 수를 원소 기호를 사용하여 분자식으로 나타낼 수 있다. 분자식을 보면, 물 H_2O, 이산화탄소 CO_2. 염화나트륨 $NaCl$, 황산 H_2SO_4, 암모니아 NH_3, 포도당 $C_6H_{12}O_6$이다.

물의 분자식 'H_2O'는 불변한다. 이는 과학이 증명하는 사실이다. 물분자를 구성하는 수소와 산소 원자의 성질은 불변하므로, 물의 성질은 불변한다. 불변성은 우연으로 만들어질 수 없다(제9장 논증 참고). 따라서 물의 성질은 불변하며, 우연으로 만들어질 수 없다.

4-4

원자는
우연으로 만들어질 수 있을까?

'물질은 어떻게 만들어졌을까?'하는 의문은 인류의 오랜 숙제였다. 물질의 생성 과정에 대해서는 원자의 발견과 빅뱅우주론을 통해 상당히 밝혀졌다. 그런데 물질의 기원과 관련된 또 하나의 중요한 관점이 있다. 바로 물질이 '우연'으로 만들어질 수 있느냐, 없느냐 하는 관점이다. 물질이 우연으로 만들어질 수 있다면 생명도 우연으로 만들어질 가능성이 있다. 반대로 물질이 우연으로 만들어질 수 없다면 생명이 우연으로 만들어질 가능성은 더더욱 없다.

'물질'은 우연으로 만들어질 수 있을까?하는 물음은 보다 구체적으로 '원자'는 우연으로 만들어질 수 있을까?하는 물음으로 바꿀 수 있다. 모든 물질은 원자로 구성되어 있고, 원자는 물질을 이루는 기초 단위 입자이기 때문이다.

여기서 충실한 논의와 타당한 결론에 이르기 위해서 원자의 성격과 구조 그리고 원자의 생성 과정 등을 먼저 살펴본다.

4-4-1 원자의 발견

● 물질의 구조를 알게 한 위대한 사건

원자의 발견은 고대 그리스의 원자론 이래로 구름 만지듯 알고 있었던 물질에 대한 인류의 지식을 획기적으로 진전시켰다. 1897년 톰슨의 실험으로 전자가 먼저 발견되고, 1911년 러더퍼드와 그의 제자들에 의해 원자핵이 발견되면서 비로소 원자의 본모습이 드러나기 시작했다. 그로부터 석탄, 흑연, 다이아몬드가 동일한 탄소(C) 원소로 이루어졌으며, 수천만 종의 분자 물질들은 모두 100여 종의 원자가 만든다는 사실을 알게 되었다. 원자에 대한 지식이 깊어지면서 이 우주의 물질과 물체들의 생성 과정도 차례로 밝혀졌다.

최초의 개념 원자의 개념을 최초로 생각한 사람은 2,500년 전 고대 그리스의 자연철학자 데모크리토스(Democritus, BC 460~370)이다. 그는 '모든 물질은 원자(atomos)라는 아주 작은 입자가 무수히 모인 것'이라고 생각했다. 'atomos'라는 말은 '더 이상 쪼갤 수 없다'라는 그리스어이다. 이 구체적 개념이 생각의 씨앗이 되어 물질 탐구의 방향성을 제시함으로써 인류는 오랜 세월이 지나 원자의 본모습에 다가갈 수 있었다.

전자의 선구적 발견　원자를 발견하기 전에 먼저 선구적으로 원자의 구성 입자인 '전자'가 발견되었다. 1897년 톰슨(James Thomson, 1856~1940)은 진공 유리관의 양 끝에 전극을 설치하고 높은 전압을 걸어줄 때 (-)극에서 (+)극 쪽으로 빛을 내며 직진하는 선을 발견했다. 톰슨은 음극선이 (-)전하를 띠는 입자의 흐름이라는 것을 알아내고, 이 입자를 '전자'라고 하였다. 최초의 원자 구성 입자의 발견이다. 톰슨은 음극선 실험 결과를 근거로 하여 (+)전하를 띠는 공 모양의 물질에 (-)전하를 띠는 전자기 박혀있는 원자 모형을 최초로 제시했다. 이로써 원자의 본 모습을 탐구하는 연구가 본격화되었다.

원자핵의 발견　1911년 원자핵의 발견은 획기적 사건이다. 당시 상상하기조차 어려운 작은 원자에서 그보다 크기가 10만 분의 1밖에 되지 않는 극히 작은 크기의 원자핵의 존재를 알아낸 사건은 인류의 지적 탐구 능력의 대단한 성과다. 원자핵을 발견한 실험 과정을 생각해 보라. 원자핵의 존재를 확인하기 위해 잠실축구장의 어디엔가 놓인 '보이지 않는' 작은 구슬(원자핵)을 맞추기 위해 화살(α입자)을 쏠 때 적중할 확률은 얼마일까? 아마 수십, 수백 만 발을 쏘아야 한두 번 맞을까 말까 할 것이다.

원자핵을 발견한 영국의 러더퍼드(Ernest Rutherford, 1871~1937)와 그의 제자들은 1908년부터 1913년까지 무려 5년 동안 (+)전하를 띠는 α입자를 얇은 금박에 쏘는 산란 실험을 진행했다. 대부분의 α입자는 금박을 통과했지만, 극소수의 α입자는 통과하지 못하고 무엇인가에 반사되어 튕겨 나오는 것이 관측되었다. 이 실험으로 원자 중심에 (+)전하를 띠는 원자핵의 존재가 확인되면서 양성자, 중성자, 전자의 역할 등 원자의 비밀은 속속 밝혀지게 되었다. 중성자는 채드윅(James Chadwick, 1891~1974)이 발견했고, 모즐리(Henry Moseley, 1887~1915)는 각 원자의 핵이 가진 양성자의 수를 밝혀 이에 따라 원자번호가 부여되고, 원소주기율표는 원자번호에 따라 재정리되었다.

4-4-2 원자의 생성

빅뱅(Big Bang) 우주론　약 138억 년 전, 한 점에서 대폭발하여 현재의 우주로 팽창했다는 이론으로, 이 우주는 탄생 순간에 질량과 에너지가 한 점에 모인 초밀도 초고온의 한 점에서 급격히 폭발하면서 시작되었다고 한다. 미국의 천문학자 허블(Edwin Powell Hubble, 1889~1953)에 의해 '적색편이'가 관측되고 우주 팽창 사실이 확인되면서 '허블법칙'으로 명명되었다. 빅뱅 이론은 관측과 함께 '우주 배경 복사'의 발견으로 강력한 증거를 확보하면서 널리 인정받게 되었다.

빅뱅 우주와 물질의 탄생　빅뱅 우주로부터 기본 입자가 먼저 만들어진 후 우주의 온도가 점차 낮아지면서 무겁고 복잡한 입자가 만들어졌다.

① **기본 입자의 생성** 빅뱅 우주로부터 전자, 쿼크 등의 기본 입자가 먼저 만들어졌다.

② **수소 원자핵의 생성** 기본 입자인 쿼크가 결합하여 양성자와 중성자가 생성되었다. 수소 원자핵은 양성자 1개와 전자 1개로 이루어졌으므로 빅뱅 우주에서 최초로 만들어진 원자이다.

③ **헬륨 원자핵의 생성** 양성자와 중성자가 강한 핵력에 의해 결합하여 중수소 원자핵이 생성되고, 중수소 원자핵의 핵융합 반응에 의해 헬륨 원자핵이 생성되었다.

④ **중성 원자의 생성** 빅뱅 초기의 높은 온도에서는 전자가 격렬하게 운동하므로 원자핵에 붙잡혀 있지 않았지만, 우주의 온도가 점차 낮아짐에 따라 운동 에너지가 작아진 전자가 정전기적 인력에 의해 수소 원자핵, 헬륨 원자핵과 결합하여 중성 원자가 생성되었다.

⑤ **별의 진화와 무거운 원소의 생성**

- **별의 탄생** 우주의 밀도가 높은 부분에서 수소와 헬륨 원자들이 중력에 의해 서로 모이고 뭉쳐 별이 생성된다.

- **별의 진화와 철의 생성** 별의 내부에서 수소의 핵융합 반응을 시작으로 헬륨, 탄소, 산소, 네온, 규소가 융합되고 별의 핵융합 반응의 마지막 단계에서 철 원자핵이 생성되었다. 철(Fe) 원자핵은 모든 원자핵 중에서 가장 안정하므로 철 원자가 만들어져 별의 중심에 축적되면 핵융합 반응이 중단된다.

- **초신성 폭발과 무거운 원자의 생성** 철의 원자핵이 만들어진 후 핵융합 반응을 더 이상 하지 못하게 된 별이 중심으로 수

축하면서 중심의 밀도와 온도가 아주 높아지게 되어 폭발이 일어나는데, 이것이 별의 진화 과정 중 마지막 단계인 초신성 폭발이다. 초신성 폭발의 순간 철보다 무거운 원자(우라늄까지의 원자)들이 생성되었다.

4-4-3 원자 이전의 기본 입자 - 쿼크

빅뱅 우주로부터 원자가 생성되기 전에 전자, 쿼크(quark) 등 기본 입자가 먼저 만들어졌다. 쿼크는 모든 상호작용을 하며, 독립적으로 존재하지 않고, 여러 개의 쿼크가 물질을 구성한다. 쿼크는 모두 6종류가 있다.

양성자와 중성자는 각각 3개의 쿼크가 결합하여 생성된다. 양성자는 업 쿼크(u) 2개, 다운 쿼크(d) 1개로 만들어지며, 중성자는 업 쿼크 1개, 다운 쿼크 2개로 만들어진다. 쿼크의 전하량은 업 쿼크(u) + 2/3, 다운 쿼크(d) -1/3이다. 그래서 양성자의 전하량은 '+1'이고, 중성자의 전하량은 '0'이고, 전자의 전하량은 '-1'이다. 모든 원자에서 양성자의 수와 전자의 수는 기본적으로 같으므로 원자는 중성이다.

4-4-4 원자의 구조

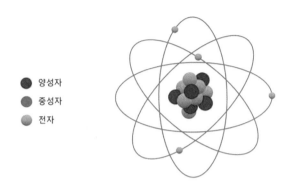

● 양성자
● 중성자
● 전자

■ **원자의 구조**

원자의 중심에 (+)전하를 띠는 원자핵이 있고, 그 주위에 (-)전하를 띠는 전자가 운동하고 있다.
원자핵은 (+)전하를 갖는 양성자와 전하를 갖지 않는 중성자로 이루어져 있다.

모든 물질을 이루는 기초 단위 입자인 원자의 구조를 보자.

(1) 원자의 중심에 (+)전하를 띠는 원자핵이 있고, 그 주위에 (-)전
    하를 띠는 전자가 운동하고 있다.

(2) 원자핵은 (+)전하를 띠는 양성자와 전하를 띠지 않은 중성자로
    이루어져 있다.

(3) 원자핵의 결합은 '강한 핵력'이 작용한다. 강한 핵력은 원자핵
    에서 양성자와 양성자, 양성자와 중성자들이 흩어지지 않고 뭉
    치게 하는, 이 우주에서 가장 강력한 힘이다.

(4) 한 원자에서 양성자의 수와 전자의 수는 같다.

   - 양성자의 전하량과 전자의 전하량은 크기는 같고, 부호는

반대이다.

- 원자는 전기적으로 중성이다.

(5) 원자의 질량은 양성자, 중성자, 전자의 질량의 합과 같다.

- 양성자와 중성자의 질량은 비슷하다.

- 전자의 질량은 양성자의 1/1837 정도로 작다.

- 원자 질량의 대부분은 원자핵의 질량이 차지한다.

(6) 원자의 크기는 원자핵 주위에 전자가 존재하는 공간의 크기와 같다.

- 원자의 지름은 10^{-10}m 정도이고, 원자핵의 지름은 $10^{-15} \sim 10^{-14}$m 이다.

(7) 원자는 어떤 화학적 성분을 가지는 물질의 최소 입자이다. 원소는 원자를 성분의 관점에서 부르는 이름이다.

(8) 동위원소는 원자번호(양성자 수)는 같지만 중성자 수가 달라 질량수가 다른 원소이다. 동위원소는 양성자 수와 전자 수가 같으므로 화학적 성질은 같지만, 질량수가 다르므로 물리적 성질이 다르다. 수소의 동위원소는 수소($^1_1$H), 중수소($^2_1$H), 삼중수소($^3_1$H)가 존재한다.

4-4-5 원자의 불변성

원자의 구조와 원자의 성질은 불변한다. 앞에서 살펴보았듯이,

원자를 구성하는 여러 입자들의 성질과 원자를 결속시키는 힘들은 불변한다. 이러한 기초 입자들의 성질과 힘은 태초에 불변하는 자연규칙에 정해진 것이다. 그러므로 모든 원자들의 성질은 불변한다. 현대 원소주기율표에는 118개의 원자들이 올라있다. 이 원자 종류의 수는 자연에서 발견된 원자와 인공합성 원자 종류를 합한 것이다. 앞으로 수 개의 새로운 원자가 추가될 수는 있겠지만 그 수는 아주 제한적이다. 왜냐하면 원자핵을 결속시키는 '강한 핵력'이 우주에서는 가장 강한 힘이지만 한계가 있기 때문이다. 원자의 불변성을 구체적으로 보자.

(1) 원자의 중심에 (+)전하를 띠는 원자핵이 있고, 그 주위를 (-)전하를 띠는 전자가 회전 운동을 하고 있다. 이 기본적인 원자의 구조는 불변하다.

(2) 원자핵은 양성자와 중성자 또는 양성자만(수소의 경우)으로 이루어져 있다. 양성자는 항상 (+)전하를 가지며, 중성자는 전하를 갖지 않는다.

(3) 원자핵이 해체되지 않도록 결속시키는 힘은 이 우주에서 가장 센 '강한 핵력'이다.

(4) 양성자가 갖는 (+)전하와 전자가 갖는 (-)전하의 힘의 크기는 같다.

(5) 한 원자에서 양성자와 수와 전자의 수는 일치한다. 그래서 원자는 중성을 띤다.

(6) 원자의 질량은 양성자, 중성자, 전자의 질량의 합과 같다.

(7) 한 원자는 그 원자로 존재하는 동안 그 원자의 성질은 불변한다.

(8) 불변하는 원자가 결합하여 만들어진 모든 분자는 그 분자식이 나타내듯이 그 분자의 구조와 성질은 불변한다.

(9) 분자 이상의 물질이나 물체에서 그 크기나 형태 등은 우연적 변화로 바뀔 수 있지만 그 물질이나 물체를 구성하는 원자나 분자의 성질은 불변하므로 모든 물질은 기본적으로 불변적 성질을 갖는다. 그래서 이 우주 자연은 기본적으로 불변적 성질을 가지며, 안정적인 상태를 유지한다.

4-4-6 원자가 우연으로 만들어질 수 없는 이유

어떤 원자가 '언제, 어느 곳에서' 만들어지느냐 하는 때와 장소는 우연의 영향을 받을 수 있다. 하지만 우연은 원자 생성의 부차적 원인이지 핵심적 원인은 아니다. 원자가 우연으로 만들어질 수 없는 이유는 다음과 같다.

1. 원자의 구조는 불변한다

원자핵과 전자가 만드는 원자의 기본적 구조는 불변한다. '강한 핵력'으로 원자핵의 핵자들을 결속시키는 원자핵의 구조는 불변한다. 원자핵은 (+)전하를 띠고, 그 주위를 운동하는 전자는 (-)전하를 띠는 원자의 구조는 불변한다. 이들 원자 구조의 불변성은 우연이 만들 수 없다.

2. 원자의 성질은 불변한다

원자 구조와 원자를 구성하는 기초 입자들의 성질은 불변하므로, 원자의 성질은 불변한다. 수소, 산소, 탄소, 질소 등 모든 원자들의 성질은 불변한다. 그래서 원자의 성질은 모든 물질을 구성하는 불변적 원소이다. 자연규칙이 만든 원자의 불변성은 우연이 만들 수 없다.

3. 원소주기율표는 과학이 입증한다

원자는 자연규칙에 정해진 내용대로 만들어진다. 원자핵을 결속시키는 '강한 핵력'은 우주에서 가장 강한 힘이지만 한계가 있기 때문에 하나의 원자핵에 들어갈 수 있는 핵자 수(양성자와 중성자 수의 합)는 제한적이므로 원자의 종류는 현재 원소주기율표에 나와 있는 수를 크게 벗어날 수 없다. 원소주기율표에 제시된 각 원자들 구조와 성질은 과학에서 입증된 것이다.

4. 우연은 불변성을 만들 수 없다

우연히 만들어진 것은 또 우연히 변한다. 우연은 불변성을 만들 수 없다(제9장 논증 참고). 그러므로 우연은 원자의 불변성을 만들 수 없다. 따라서 원자는 우연으로 만들어질 수 없다.

다윈 진화론의 붕괴

제5장

다윈 진화론의 붕괴

5-1

붕괴 위기

    다윈 진화론은 증명된 이론이 아니지만 생물학 교과서에는 마치 과학적 사실처럼 소개된다. 그리고 생명체에 일어나는 모든 변화는 다윈 진화의 이념인 '우연'의 관점으로 설명된다. 생명의 나무가 보여 주는 생물 다양성의 과정은 나뭇가지가 생장으로 분화되는 것처럼 다윈 진화의 과정도 그렇게 자연적이고 타당성이 있다는 것을 암시한다. 이러한 교과서로 공부한 학생들은 알게 모르게 다윈의 진화를 과학적 사실로 받아들이게 한다. 언론에 자주 출현하는 다윈주의 과학자들과 지식인들은 이제 진화는 의심할 수 없는 과학적 사실이라고 말한다.

그러나 '생명시스템의 불변성'의 발견으로 근본적 오류와 허구성이 드러난 다윈 진화론은 이제 설 자리를 잃게 되었다. 그동안 근본적 오류가 있었음에도 그 오류가 쉽게 밝혀지지 않은 채 현대 생물학의 주류 이론으로 학문과 사상을 오도해 온 다윈 진화론은 타당성을 잃고 붕괴의 위기에 놓였다.

불가능한 선행조건

다윈 진화론은 오류이고, 허구다. 왜냐하면, 불가능한 선행조건 위에 건설된 이론이기 때문이다. 다윈 진화의 원동력은 '변이 발생'과 '자연선택'이라는 두 기둥이다. 자연선택이 일어나려면 먼저 그 자연선택의 대상이 되는 다양한 변이 발생이 선행해야 한다. 어떤 변이 형질이 새롭게 생겨나려면 그 형질의 생명 활동을 가능케 하는 생명시스템이 함께 만들어져야 하는데, 생명시스템이 새로 만들어지는 것은 불가능하다. 생명시스템은 자연규칙 프로그램이므로 자연규칙의 불변성으로 새로 만들어질 수 없다(제2장 생명시스템 불변성 참고). 따라서 다윈 진화론은 불가능한 전제조건을 가진 근본적으로 오류인 이론이다.

■ **찰스 다윈(1809~1882)**
영국의 생물학자. 《종의 기원》(1859)에서 자연선택에 의한 생물 진화를 주장했다. 그는 불변하는 생물 종은 없으며, 진화의 원인은 무작위적 우연에 있다고 생각했다.

5-3
다윈 진화론

다윈 진화론은 생물 진화의 근본 원인은 '우연'이라는 찰스 다윈 (1809~1882)의 이념을 따르는 현대 진화생물학에서 정설처럼 인정받고 있는 진화 이론을 말한다. 다윈 진화론의 핵심적 이론 축은 '변이 발생'과 '자연선택' 이론이다. 다윈적 관점에서 보면 생명은 어떤 자연적 조건에서 우연히 생겨날 수 있고, 인간도 진화의 과정에서 우연히 등장한 동물이다. 진화의 과정에 신의 창조나 어떤 초월적 존재가 특정한 목적을 가지고 진화를 이끌어가는 주체는 없다. 그래서 다윈 진화는 진화의 목적성이나 방향성은 없다.

다윈 진화의 근본적 이념은 '우연'이다. 다윈 진화에서 생명체에서 일어나는 모든 변화의 근본적 원인은 우연이다. 다윈 진화에서는 이 우주에 최초 생명체가 출현하기 이전에는 생명체의 어떤 형질도 존재하지 않았다. 그래서 생명체의 '모든 형질'은 최초 발생 시 모두 우연히 발생한 '변이'에서 출발한다. 원시 세포나 DNA와 RNA 등도 최초 우연히 발생했으며, 생명의 나무가 보여주는 다양한 생명체로의 변화 과정을 만들어낸 근본 원인은 모두 '우연적 변화'에 있다고 본다. 다윈 진화에서 '우연'은 모든 것을 만들어 내는 신이다.

■ 다윈이 주장한 진화가 일어나기 위한 조건

1858년 앨프레드 월리스와 함께 영국 린네 학회에서 발표한 논문에서 다윈은 '진화가 일어나기 위한 조건'으로 다음 4가지를 들었다.

첫째, 한 종에 속하는 개체들은 각자 다른 형태, 생리 행동 등을 보인다. 즉 자연계의 생물 개체들 사이에 '변이(variation)'가 존재한다.

둘째, 일반적으로 자손은 부모를 닮는다. 즉 어떤 변이는 유전한다.

셋째, 환경이 뒷받침할 수 있는 이상으로 많은 개체들이 태어나기 때문에 먹이 등 한정된 자원을 놓고 경쟁할 수밖에 없다.

넷째, 주어진 환경에 잘 적응하도록 도와주는 형질을 지닌 개체들이 보다 많이 살아남아 더 많은 자손을 남긴다.

지금 생물학에서 '진화'라고 하면 다윈 진화를 말한다. 다윈 이후 여러 논쟁을 거치며 다윈 진화 이론은 현재 생물학에서 주류적 위치에 있다. 그 주요 내용들을 살펴본다.

변이 발생 다윈 진화론의 이론 체계에서 '변이 발생'이라는 선행조건이 먼저 실현되어야 그다음에 자연선택이 가능하다. 그런데 다윈은 위의 첫째 조건에서 '생물 개체들 사이에 변이가 존재한다'고 전제했을 뿐 '변이'가 어떻게 발생하는지는 설명하지 않았다. '변이 발생' 문제를 다윈은 기정사실로 전제했고, 그 후 유전 지식과 DNA 지식 등 생물학의 관련 지식은 비약적으로 발전했지만 많은 생물학자들은 생물 변화의 근본 원인은 '우연'에 있으며 생물의 모든 형질이 우연으로 만들어진다는 다윈적 관점에서 빠져나오지 못하고 있다.

자연선택 다윈 진화론이 주장하는 것처럼 생명체에 필요한 변이 형질이 무제한적으로 우연히 발생할 수 있다면, 그 이후 '주어진 환경에 잘 적응하도록 도와주는 형질을 지닌 개체들이 보다 많이 살아남아 더 많은 자손을 남긴다'는 자연선택 이론은 논리적으로는 별문제는 없다. 그러나 선행조건인 변이 발생에 불가능성이 있다면 '자연선택'은 실현될 수 없으므로 다윈 진화론은 허구적 이론이 된다.

공통조상설 지구상의 모든 생물들이 하나의 공통조상에서 출발하여 종 분화를 거쳐 지금과 같은 생물 다양성을 이루게 되었다는 학설이다. 이 주장 역시 종 분화의 원인은 우연이므로, 우연적 변화로 모든 생물 종이 만들어진다는 것이다. 생물의 종이 변하느냐, 불변하느냐에 따라 진위가 가려질 것이다.

선형적 진화/ 분기적 진화 현대 진화생물학에서는 과거 '원숭이가 사람으로 진화했다'는 방식의 선형적 진화 이론은 틀렸다고 한다. 그리고 진화 계통수가 보여주는 것처럼 변이가 누적되어 새로운 형질을 갖는 변종으로 분기적 진화가 일어나 생물 다양성을 만들었다고 설명한다. 아무튼 과거에 없었던 새로운 생물이 '우연'으로 생겨났다는 주장은 변함없다.

화학 진화설 다윈을 추종하는 후예들은 한 걸음 더 나아가 물질에서 생명이 탄생할 가능성을 주장했다. 1920년 무렵 오파린과 홀데인이 주장한 화학 진화설이다. 원시 지구의 환경에서 무기물이 간단한 유기물로 합성되고, 이러한 유기물이 다시 복잡한 유기물로 변화하는 화학적 진화 과정을 거쳐 최초의 '원시 생명체'가 출현했다는 학설이다. 이 학설은 이후 '밀러와 유리의 실험'이 성공하면서 더욱 힘을 얻게 된다.

밀러와 유리 실험의 한계 20세기 밀러와 유리의 실험으로 무기물에서 아미노산 등의 유기물 생성이 확인되면서 마치 생명의 기원이 해결된 것처럼 널리 알려졌다. 그러나 사실은 그렇지 않다. 물리적으로 어떤 원소들을 모아놓고 원하는 어떤 분자가 합성되도록 온도·압력 등의 물리적 조건을 충족시키면 원하는 분자는 합성될 수 있다. 합성이 어렵다는 아미노산이 합성에 성공했다는 것이지 어떤 무기 물질에서 생명을 가진 어떤 물질이 생성된 것은 아니다. 어떤 분자 물질도 합성에 필요한 물리적 조건만 충족되면 합성은 언제든지 가능하다. 그러나 생명시스템은 합성으로 만들어질 수 없다.

1952년, 미국의 시카고대학의 밀러와 유리는 원시 지구의 환경에서 무기물에서 간단한 유기물이 합성된다는 것을 알아보는 실험을 진행했다. 실험 장치에 원시 대기 성분인 메테인(CH_4), 암모니아(NH_3), 이산화탄소(CO_2), 수소(H_2), 수증기(H_2O) 등을 넣고, 고전압 전류로 방전을 시켜 번개 등과 같은 원시 지구의 에너지 환경을 모방했다. 그 결과 글라이신, 알라닌, 글루탐산과 같은 아미노산과 사이안화수소, 알데하이드 등이 검출되었다. 이 실험의 결과는 아미노산 등의 유기물분자의 생성에 필요한 원소 물질들을 넣고 필요한 고온과 고압 등의 물리적 환경조건을 조성해 유기물분자의 합성에 성공한 실험일 뿐이다. 어떤 분자의 생성에 필요한 물리적 조건을 충족시키면 그 분자가 생성되는 것을 확인한 것이지 무생물에서 생명체가 생성되는 실험은 아니다. 생명체가 되려면 그 생명 활동을 일으키는 생명시스템이 함께 만들어져야 한다.

무목적성과 무방향성 다원적 진화에서는 진화의 목적성이나 방향성을 인정하지 않는다. 다윈 진화의 기본 이념이 '우연'이므로 당연한 논리적 귀결이다. 우연적이고 무작위적인 변화가 어떤 목적이나 방향을 가질 수는 없다. 다윈은 진화의 개념에 진보의 개념이 좀 끼어드는 것을 아주 경계했다. 그러나 어떤 선입견이나 편견 없이 생명의 역사와 생명 현상을 살펴볼 때 그곳에 합목적적이고 조화로운 질서와 모습은 부정하기 어렵다. 생명체의 여러 기관들과 그 시스템들을 살펴볼 때 이것들이 생존과 생명 활동에 유익한 방향과 목적으로 만들어진 것이 분명하다. 한 개체에 있는 여러 세포 조직, 기관들이 서로 긴밀하게 협업을 하도록 설계됐다는 것은 생존에 유리한 목적과 방향으로 설계되었다는 사실이다. 광합성시스템이나 세포호흡시스템이 목적성이 없다고 볼 수 있는가? 항온동물의 체온조절시스템이 변화하는 외부 기온 변화 환경에서 생존에 더 유리한 목적성이 없다고 말할 수 있는가? 생명체의 모든 형질은 제각각의 기능을 가지며, 각 기능들은 생존에 필요한 합목적성의 역할을 갖고 있다. 그런데 다윈 진화에서는 이 분명한 목적성과 방향성을 부정하는 비논리적인 억지 같은 주장을 하고 있다.

5-4
돌연변이는 구원투수가 아니다

생명시스템의 불변성 증명으로 생명체의 새로운 형질이 만들어지는 것은 불가능함이 확인된다. 이는 다윈 진화의 원천인 새로운 '변이 발생'의 불가능함을 의미한다. 그러므로 다윈 진화론은 불가능한 전제 위에 건설된 오류이고, 허구적 이론이다. 그런데 다윈주의를 따르는 현대 진화생물학에서 마치 '돌연변이'는 생명체의 어떤 형질도 만들어 낼 수 있는 해결사처럼 설명하므로 돌연변이가 그러한 다윈 진화의 구원투수가 될 수 없음을 구체적으로 살펴보자.

돌연변이는 생물체에서 어버이에 없던 새로운 형질이 나타나 유전하는 현상을 말한다. 유전자나 염색체의 구조에 변화가 생겨 일어나는 현상으로, 외적 요인으로는 자외선, 방사선이나 화학물질 등에 의해서도 발생될 수 있고, DNA가 정상적으로 복제될 때 오류에 의해서도 발생한다고 설명한다. 그런데 아무리 우연적이고 돌발적으로 큰 변화를 불러오는 돌연변이라도 그 형질의 생명 활동을 일으키는 생명시스템을 만들 수는 없으므로 유전되는 새로운 불변적 변이를 만들 수 없다(제2장 생명시스템의 불변성 참고).

아직 생물학에서 돌연변이의 발생 원인과 종류 등이 충분히 규명된 것은 아니다. 만약 아무 규칙 없이 그야말로 혼돈적으로 염색체나 유전자가 뒤섞이는 어떤 돌발적 유전체의 변화가 발생한다면 그 개체는 죽음에 직면하거나 심각한 비정상적인 개체가 될 것이다. 무질서, 무작위적으로 일어나는 돌연변이가 자연규칙의 지배를 벗어나 불변하는 새로운 유전규칙을 만드는 것은 불가능하다.

배수성 돌연변이의 경우　농작물의 품종 개량에 이용되는 식물의 '배수성 돌연변이'는 돌연변이가 새로운 형질을 만들어내는 분명한 사례라고 다윈주의자는 주장할 수 있다. 이 사례는 용어가 돌연변이로 표현되었을 뿐 사실은 다윈 진화에서 말하는 돌연변이가 아니다. 돌연변이는 발생이 무규칙, 무질서, 무작위로 일어나야 한다. 농작물의 품종 개량에 이용할 수 있다는 것은 그 변화는 규칙적이고, 예정된 것이다. 그래서 그 변화의 결과를 예측할 수 있으므로 인간이 이용할 수 있다. 배수성 돌연변이로 표현되었을 뿐 이 변화는 사실 유전규칙과 생명규칙에 정해진 자연규칙적 변화이다.

5-5
다윈 진화론의 오류

생명시스템의 불변성을 보지 못한다

다윈 진화론의 결정적 오류는 생명시스템의 불변성(제2장에서 증명)을 보지 못함에 있다. 생명시스템의 불변성을 보지 못함으로써 생물이 본질적으로 불변함을 알지 못한다. 이러한 근본적인 오류에서 구축된 다윈 진화론은 점점 더 오류에 빠져 허구적인 이론이 되었다.

다윈 진화론의 오류는 다음과 같다.

1. '생물 종은 변한다'는 주장은 오류다

다윈 진화론은 '생물은 변한다'라는 대전제 위에 건설된 이론이다. 변화가 없으면 다윈적 진화는 성립할 수 없다. 다윈 진화는 생물 다양성의 원인을 생물 자체의 가변성과 우발적인 변화에 있다고 본다. 그러므로 생물의 본질적 변화가 부정되면 다윈 진화는 타당성을 가질 수 없다.

생물의 종과 형질은 불변한다. 왜냐하면, 생물의 종과 형질은 생명 활동을 일으키는 생명시스템이 만들기 때문이다. 생명시스템은 물리규칙과 생명규칙이 동시 작동하는 자연규칙 프로그램으로 자연규칙은 절대 불변하므로 자연규칙 프로그램인 생명시스템은 불변한다. 불변하는 생명시스템의 프로그램으로 만들어지는 생물의 종과 형질은 불변한다. 따라서 생물 종은 변한다는 다윈적 주장은 오류다(제2장, 제3장 참고).

반문에 대한 답변 다윈주의자들은 반문할 것이다. 생물 종이 변하지 않는다면 '지금의 다양한 생물 종은 어떻게 출현한 것인가?'라고. 그 답은 이렇다. 새로운 생물 종은 기존의 종이 변하여 출현하는 것이 아니라 새롭게 태어난다. 모든 생물 종은 태초에 만들어진 그 종의 생명시스템에서 발현하여 출현한다(제6장 참고). 비유하면, 다이아몬드는 흑연이 변화여 생겨나는 것이 아니다. 처음부터 흑연은 흑연으로 생성되고 다이아몬드는 다이아몬드로 생성된다. 태초에 물리규칙이 정해진 각각의 분자결합규칙에 따라 만들어진다(제4장 2절 참고).

2. '형질이 우연으로 만들어진다'는 주장은 오류다

'생물의 형질이 우연으로 만들어진다'는 주장은 오류다. 왜냐하면, 생명체의 모든 것은 생명시스템의 불변적 프로그램에 따라 만들어지기 때문이다(제2장, 제3장 참고). 한 생물은 여러 세포, 조직, 기관들로 구성되며, 이들은 또 각각 여러 형질로 구성된다. 모든 형질은 각각의 기능을 작동시키는 생명시스템을 가지며 개체의 생명 활동에서 일정한 역할을 한다. 다윈적 진화에서 새로운 종이 생겨나려면 자연선택 이전에 먼저 새로운 형질(변이)이 출현해야 한다. 다윈 진화의 화학진화설에서는 무생물에서 우연히 생명체가 생겨났다고 주장하므로, 최초 생명체가 출현하기 이전에 이 우주에는 생명체의 어떤 형질도 존재하지 않았다. 다윈적 주장에 따르면 지금의 생명체에 있는 모든 형질은 우주 탄생 이후 새롭게 출현한 것이며 '변이'에서 출발한 것이다. 다윈 진화에서 변이는 우연으로 만들어지므로 생물의 모든 형질은 우연으로 만들어진 것이다.

새로운 형질이 처음 만들어지려면 그 생명시스템도 함께 만들어져야 하는 데, 자연규칙 프로그램인 생명시스템이 새로 만들어지는 것은 불가능하다. 따라서 새로운 형질이 우연으로 만들어진다는 다윈적 주장은 오류다.

3. '불변성이 우연으로 만들어진다'는 주장은 오류다

다윈 진화에서, 자연선택이 작동하려면 먼저 '새로운 변이'가 출현해야 하고, 이 변이가 처음 만들어질 때는 우연히 만들어졌지만 그 이후는 대대로 유전하는 불변성을 가져야 한다. 그래야 대대로 자연선택이 누적되어 새로운 종이 탄생할 수 있다. 그러나 자연에 있는 어떤 불변성도 우연히 만들어질 수 없다(제5장 참고). 그러므로 결과적으로 유전적 불변성이 우연히 만들어진다는 다윈적 주장은 오류다.

제6장 생명 설계론의
이론과 내용

제6장

생명 설계론의
이론과 내용

생명 설계론은 '생명시스템의 불변성' 발견에 따라 필연적으로 요구되는 생명 현상의 의미를 재해석하고, 생명 현상의 변화와 원리를 재정립한다. 생명 설계론의 이론적 타당성은 기본적으로 자연규칙의 불변성에 근거한다.

6-1
생명시스템의 정의

생명시스템은 생명 활동을 일으키는 자연규칙 프로그램이다. 생명 활동의 물질대사에서 물질의 이동은 필수적이며, 이때 물질의 물리적 이동은 물리규칙의 지배를 받고, 어떤 물질이, 언제, 어느 곳에, 얼마의 양이 필요한가는 생명규칙의 지배를 받는다. 그러므로 '생명시스템은 생명 활동을 위해 물리규칙과 생명규칙이 동시 작동하는 자연규칙 프로그램'이다.

6-2
생물의 정의

현재 생물학에서는 생물에 대한 정의를 내리지 못하고 있다. 생명시스템의 불변성을 보지 못한 결과이다. 생물의 정의 대신 생명현상의 특성 6가지, 즉 '세포, 물질대사, 자극에 대한 반응과 항상성, 발생과 생장, 생식과 유전, 적응과 진화'라는 6가지 기준에 얼마나 부합하느냐로 생물이냐, 아니냐를 판단한다. 그 결과 바이러스가 생물인지 아닌지를 아직도 판단하지 못하고 있다.

생명 설계론에서 생물은 '생명시스템이 작동 중인 독립적, 유기적, 통일적 단위체'로 정의된다. 생물체의 모든 것은 생명시스템의 프로그램으로 만들어지므로 생물의 정의는 생명시스템에 기초해 내려져야 한다. 이 정의에 따르면 바이러스는 생물이다.

생물의 가변성 한 부모에서 태어난 자손들도 모두 구체적 크기, 형태, 모습 등이 조금씩 다르다. 지금 전 세계에 있는 수억 마리의 닭들 중 크기와 형태가 엄밀하게 서로 똑같은 것은 한 마리도 없다. 마찬가지로 전 세계의 벚나무들 중 가지 형태와 크기가 똑같은 것은 한 그루도 없다. 한 개체도 태어나 죽을 때까지 엄밀하게(분자 단위에서 볼 때) 크기와 형태가 똑같은 적은 없다. 이와 같이 변화의 관점에서 보는 생물의 현상적 모습은 가변적이다.

생물 불변성의 근거는 생명시스템의 불변성이다. 생명시스템은 자연규칙 프로그램이므로 불변한다(2장에서 논증). 불변하는 생명시스템의 프로그램으로 만들어지는 생물종과 모든 형질은 불변한다.

생물의 불변성 생물의 공통적 성질은 불변한다. 수억 년 전 파충류는 지금도 파충류이고, 조류는 지금도 조류이고, 포유류는 지금도 포유류이다. 1억 년 전 소나무는 지금도 소나무이고, 은행나무는 지금도 은행나무이다. 전 세계의 벚나무들은 같은 벚꽃을 해마다 제철에 다 함께 피운다. 벚나무 각각의 잎 크기와 모양은 구체적으로 모두 다르지만 다른 종류 나무의 잎과 구별되는 불변적 동질성이 있다. 가지나 껍질, 열매의 모양 등도 마찬가지다. 벚나무의 고유한 성질, 벚나무의 공통적 동질성은 벚나무의 불변적 생명시스템이 만든다. 마찬가지로 소나무와 은행나무에서도 다른 나무와 구별되는 각각의 공통적 성질은 불변한다. 다른 생물의 종도 마찬가지다.

6-3
자연규칙의 불변성

자연규칙은 불변한다. 자연규칙은 새로 만들어지거나, 바뀌거나, 변하지 않는다. 우주 탄생 이래 자연규칙이 변한 일은 없다(제7장에서 논증). 이 우주 자연의 모든 것은 자연규칙에 따라 만들어지고, 운동하고, 변화한다.

자연규칙은 일률적이고, 보편적이고, 불변적으로 우주 자연을 지배한다. 언제, 어느 곳에서나 동일한 규칙과 원리로 우주 자연의 모든 존재를 지배한다. 100억 년 전이나 지금이나 (+)전하와 (-)전하는 같은 힘으로 서로 당기며, 중력은 북극성에서나 지구에서나 같은 힘과 원리로 작용한다. 자연규칙은 실험을 통해 언제 어느 곳에서나 그 규칙과 원리의 보편성과 불변성을 재현하고 검증할 수 있다.

과학지식은 자연규칙에 대한 지식이다. 과학지식의 신뢰성과 확실성은 자연규칙의 불변성에서 나온다. 과학적 탐구는 불변하는 자연규칙을 알아내려는 노력이다. 만약 자연규칙의 불변성이 부정된다면 모든 과학지식은 쓰레기장으로 가야 한다.

자연규칙은 불변하므로 우주 탄생 이후 새로 생겨나거나 없어지거나 바뀌거나 변할 수 없다. 자연규칙은 논리적으로는 우주 탄생과 동시 또는 그 이전에 이미 존재했어야 한다. 우주와 자연규칙의 탄생이 동시일 수는 있지만 논리적으로는 자연규칙이 앞서야 한다.

자연규칙의 기원 문제 '자연규칙은 어떻게 만들어졌는가'하는 문제는 이 우주의 기원을 앞서는 존재의 기원을 묻는 철학적인 문제이므로 여기서는 더 이상 논의하지 않는다.

6-4
생명규칙의 불변성

생명규칙은 생명 현상과 생명 활동을 지배하는 규칙이다. 모든 생명 활동은 생명규칙에 따라 일어난다. 생물의 발생, 생장, 생식 등 생활사의 전 과정은 생명규칙에 정해진 대로 진행된다.

생명규칙은 물리규칙과 함께 자연규칙이므로 불변한다. 생명규칙의 불변성은 생명시스템의 불변성으로 확인된다. 생명 활동이 일어날 때 생명시스템에서 물리규칙과 생명규칙은 항상 동시 작동한다. 물리규칙이 불변한다면 생명규칙도 당연히 불변한다(제2장, 제7장, 제8장 참고).

6-5
생명시스템의 불변성

생명시스템은 생명 활동을 일으키는 물리규칙과 생명규칙이 동시 작동하는 자연규칙 프로그램이다. 자연규칙은 불변하므로 자연규칙 프로그램인 생명시스템은 불변한다(제2장 생명시스템의 불변성 증명 및 제3장 생명시스템 내용 참고).

6-6
불변적 순서는 규칙이다

생명시스템이 일으키는 생명 활동의 생리적 과정은 일정한 생리적 작용이 불변적 순서에 따라 일어난다. 그 과정과 순서는 생명시스템에 프로그램되어 있다. 사람 위의 소화 시스템을 보면, 위의 소화 작용은 1단계에서 5단계의 순서로 진행된다. 광합성 시스템의 '캘빈회로'와 세포호흡 시스템의 'TCA 회로'의 반응 경로와 작용 순서는 일정하며 불변한다(제3장 불변성 〈사례〉 참고). 이러한 불변적 순서는 물리규칙과 생명규칙이 함께 동시에 작동하는 순서이다. 그러므로 자연에서 진행되는 불변적 순서는 바로 자연규칙이다.

6-7
생물 종은 불변한다

생물의 종과 형질은 불변한다. 왜냐하면, 생명체의 모든 것은 생명 활동을 일으키는 생명시스템의 프로그램이 만들기 때문이다. 생명시스템은 물리규칙과 생명규칙이 동시 작동하는 자연규칙 프로그램이다. 자연규칙은 절대 불변하므로 자연규칙 프로그램인 생명시스템은 불변한다. 그러므로 생물 종은 불변한다.

우주 자연은 자연규칙에 따라 만들어진다. 물질을 구성하는 모든 원자와 분자들은 물리규칙에 따라 만들어지고, 생명체의 모든 형질은 생명규칙과 생명시스템의 프로그램에 따라 만들어진다. 생명시스템은 불변하므로 그 프로그램으로 만들어진 모든 생물 종과 형질은 불변한다. 따라서 생물 종은 불변한다.

6-8
새로운 종은 자기의
생명시스템에서 출현한다

새로운 종은 다윈 진화론의 주장처럼 어떤 우연적 변화로 생겨나는 것이 아니다. 지금의 다양한 모든 생물 종은 우연적 변화 과정에서 생겨난 것이 아니라 태초에 설계된 각각의 생명시스템에서 새롭게 발현하여 출현한 것이다.

생명시스템은 불변하므로 어떤 종의 생명시스템이 우주 탄생 이후 새로 만들어질 수 없다. 그래서 새롭게 출현하는 생물 종은 각각 태초에 존재한 자기 종의 생명시스템에서 발현하여 출현한다.

6-9
다양성(진화)의 방향은 예정되어 있다

최초의 생명체로부터 지금의 다양한 생명체로의 변화 과정은 예정되어 있었다. 대체적으로는 현대생물학의 진화계통수가 보여주는 과정으로 생물 다양성이 진행되었다고 볼 수 있다. 이 과정을 살펴볼 때 분명한 어떤 질서에 따라 진행되었다는 사실은 이 과정이 우연적이고 무작위적이지 않다는 것이다. 원핵생물 다음에 진핵생물이 출현했고, 광합성 생물이 먼저 출현한 이후에 종속영양생물이 출현했다. 척추동물의 출현 순서는 어류 → 양서류 → 파충류 → 조류 → 포유류 → 영장류의 순으로 출현했다. 모든 생물을 '종 → 속 → 과→ 문 → 강 → 문 → 계 → 역'의 뚜렷한 분류 기준으로 구별할 수 있는 것은 그 질서를 만드는 규칙이 있기 때문이다.

생물이 다양화되는 과정은 다원적 주장처럼 우연적이고 무작위적인 과정이 아니라 생명규칙에 정해진 예정된 과정이다. 모든 종과 형질이 생명시스템에 미리 설계되었다는 것은 그 생물의 출현 과정도 설계된 것이므로 당연히 생물 다양성의 방향은 예정되어 있었다. 언젠가 생물학에서 이를 보다 구체적으로 밝힐 수 있는 날이 올 것이다.

6-10
우연은 불변성을 만들 수 없다

우연히 만들어진 것은 또 우연히 변할 것이다. 그래서 우연적 변화는 불변성을 만들 수 없다. 생물 개체들의 모습은 끊임없이 변하지만, 생물 종의 공통적 속성은 변하지 않는다. 그 생명시스템이 불변하기 때문이다. 구름의 모습은 변화무쌍하지만 구름을 만드는 자연규칙, 즉 물이 액체, 기체, 고체로 상태변화하는 물리규칙은 불변한다. 자연에 있는 모든 불변성은 자연규칙이 만든다. 자연규칙이 아닌 어떤 것도 자연의 불변성을 만들 수 없다.

우연적 변화는 자연의 현상적 모습만 변화시킬 수 있을 뿐이다. 우연은 현상을 변화시킬 수는 있어도 본질은 변화시킬 수 없다. 우연은 자연의 불변성을 변화시킬 수 없고, 어떤 불변성도 만들 수 없다.

6-11
생명은 태초에 설계되었다

생물은 자연의 일부이며, 생물을 동시 지배하는 물리규칙과 생명규칙은 함께 자연규칙이다. 물리규칙은 무생물과 생물 모두를 지배하고, 생명규칙은 생물을 지배한다. 생명규칙은 생명 활동에서 언제나 물리규칙과 동시 작동하므로 당연히 물리규칙의 불변성을 가져야 한다. 그렇지 않으면 생명 활동이 불변적으로 일어날 수 없다. 따라서 자연규칙 프로그램인 생명시스템은 불변한다.

자연규칙 프로그램인 생명시스템은 불변하므로 우주 탄생 이후 새로 만들어질 수 없다. 그러므로 생명시스템은 자연규칙과 함께 태초에 만들어져야 한다. 생명시스템은 생명 활동을 위한 목적성과 방향성 그리고 생명체의 물리 화학적 상태변화에 임기응변적으로 대응하는 규칙 체계이므로 무작위적이나 우연으로 만들어질 수 없고 고도의 지성으로 설계되어야 한다. 따라서 생명은 태초에 설계되었다.

제7장 자연규칙은 불변한다

자연규칙은 불변한다

나는 알고 있다

9월의 어느 청명한 오후, 오늘도 인근 호수공원의 벚나무 그늘을 걷는다. 미풍은 선선하고 다정하다. 물결 위에 반짝이는 햇빛, 수초와 갈대의 어울림, 나뭇가지와 잎들의 속삭임, 흘러가는 흰 구름과 푸른 하늘… 이 모든 존재와 현상들이 함께 만든 조화로움과 평화로움이 내 앞에 펼쳐져 있다. 자연이 만든 이 조화로움과 평온함! 지난해에도, 수년 전에도, 젊은 날에도 느꼈던 이 평온함의 근원을 나는 알고 있다. 나를 담고 있는 이 우주 자연의 불변성이 주는 선물이다.

■ **화랑호수공원 전경**
지난 십수 년 동안 사색하며 거닐었던 안산 화랑호수공원의 전경

　지구적 환경은 우주적 환경 안에 있다. 만약 태양의 급격한 대폭발이나 요동이 있다면 지구의 운명은 바람 앞의 촛불이다. 우리 은하에 큰 파괴적 변화가 일어난다면 태양계 자체가 와해될 수도 있다. 어떤 순간에 빛의 직진 규칙이 바뀐다면 이 우주에 어떤 혼란이 휘몰아칠까? 수소나 산소의 성질이 조금 바뀌어 이 우주에 있는 물이 한순간에 사라진다면, 상상을 초월하는 파국적 종말을 맞을 것이다.

빅뱅 이후, 이 우주는 수억 도의 초고온 상태에서 점차 식으면서 빛과 물질이 분리되고 원자와 분자가 생성되었다고 한다. 그것들이 모여 수많은 별과 은하들 그리고 우리 태양계와 지구도 탄생했다. 대폭발로 팽창을 시작한 우주는 지금도 계속 허블법칙에 따라 팽창을 가속화하고 있다. 거시적 우주의 팽창과 함께 미시적 원자의 세계는 전자가 원자핵 주위를 예측이 불가능한 상태로 돌고 있다. 우주와 자연 그리고 생명 세계는 끊임없이 변화하고 있다. 생명은 태어나고, 성장하고, 번식하고, 죽는다. 모든 물질 현상과 생명 현상은 끊임없이 운동하고 변화한다. 우주도, 은하도, 별도, 빛도, 물질도, 생명도, 바이러스도…

우리는 자전하면서 초속 30km로 태양을 공전하고 있는 지구 행성 위에 존재하고 있다. 거기에 우리 태양계도 은하의 중심을 돌고 있다. 이 우주 공간은 빅뱅 이후 끊임없이 전방위적으로 팽창하고 있다. 그 거시적 변화의 움직임 위에 있는 우리 몸을 구성하는 원자, 분자들은 또 초당 수억 회의 떨림으로 운동하고 있다. 우리 몸의 안과 밖의 현상들은 온통 변화의 소용돌이 속에 있다.

내 존재의 안과 밖에서 현재진행형인 이 변화무쌍한 가변성 위에서 나는 어떻게 지금 이 평온함을 누릴 수 있는 것일까?

그 평온함의 근원은 자연규칙의 불변성임을 나는 알고 있다. 우주 자연 현상의 움직임과 상태가 아무리 변화무쌍해도 그 변화를 만드는 자연규칙이 불변하기 때문이다. 우주 공간이 아무리 팽창하고, 전자들이 아무리 요동쳐도, 빛이 우주 공간을 100억 년을 날아와도, 물이 액체, 고체, 기체로 끊임없이 변화해도, 지구가 태양 주위를 수십억 년 돌아도, 모든 생명이 태어나고 죽기를 수없이 되풀이해도, 그 모든 현상들의 변화를 만드는 자연규칙은 불변하기 때문에, 우주와 자연은 파멸하지 않고, 나는 지금 존재하고, 이 변화무쌍함 속에서 기적 같은 평온함을 누릴 수 있는 것이다.

자연규칙의 불변성! 이 불변성이 의미하는 것은 무엇일까? 같은 강물에 발을 두 번 담글 수 없다고, 모든 만물은 변하고, 세상에 고정불변하는 것은 없다고, 누구는 주장하지만, '모든 것은 변한다'라는 생각이 오류임을 알려주는 분명한 증거가 바로 '자연규칙의 불변성'이다. 이 불변성이, 우주 자연이 근원적인 안정성을 유지하고, 모든 생명이 안정과 평온을 누릴 수 있는, 기적보다 더 큰 행운을 만들고 있는 것이다.

7-1
자연규칙이란

자연규칙은 우주 자연의 불변하는 질서이다. 자연의 존재나 현상이 만들어지거나 변화할 때 작용하는 일정한 규칙이다. 물질의 생성, 변화, 해체는 물리규칙(화학규칙을 포함한다)의 지배를 받는다. 자연은 무생물과 생물로 구성되어 있다. 생물은 자연의 일부로 당연히 물리규칙의 지배를 받는다. 하지만 생물은 살아있는 동안 물리규칙과 생명규칙의 지배를 동시에 받는다. 자연을 지배하는 물리규칙과 생명규칙은 함께 자연규칙이다.

자연규칙은 자연을 지배하는 규칙을 통칭하는 이름이다. 이들 중 보다 확실하게 밝혀진 규칙은 '자연법칙'으로도 부른다. 또 무슨 '이론, 원리, 원칙' 등으로 불리기도 한다. 호칭이 어떠하든 자연규칙의 본질과 불변성은 변함없다. 다양한 호칭은 자연규칙의 성격이나 편의상 이해를 위한 것이지 규칙 자체의 확실성이나 불변성의 차이를 나타내는 것은 아니다.

자연규칙은 완전하며 불변한다. 자연규칙 중에는 직관적으로 바로 이해되는 것도 있고, 정확히 이해하는 데는 오랜 시간이 걸리는 것도 있다. 과학의 첫째 목표는 자연규칙에 대한 탐구이다. 새로운 자연규칙을 발견하고 그 규칙들을 보다 완벽하게 알아내려는 노력이 인류의 눈부신 과학 문명을 건설했다.

7-2
과학 역사에서 가장 위대한 사건
- 뉴턴의 만유인력 발견

■ **아이작 뉴턴(Isaac Newton, 1642~1727)**
영국의 물리학자, 수학자. 만유인력의 발견으로 역학의 체계를
확립하고, 과학혁명에 가장 크게 공헌한 위대한 과학자.

    인류의 과학 역사에서 가장 위대한 사건으로 뉴턴의 '만유인력 발견'을 꼽을 수 있다. 만유인력의 발견은 과학 진리의 보편성을 알게 함으로써 과학을 가장 신뢰할 수 있는 지식으로 만들었다. 고대 그리스 이후 중세까지는 인류의 우주에 대한 지식은 지구 중심에 머물렀고 태양계도 제대로 알지 못했다. 또 지구에서 확인된 어떤 자연규칙이 전 우주에 보편적으로 작용하는지를 확실히 알지 못했다. 막연히 지상계와 천상계는 다른 질서의 세계로 생각했다. 이러한 인류의 오랜 고정관념을 깨뜨린 사건이 만유인력의 발견이다. 인류의 과학지식이 은하와 별들 그리고 무한한 우주 공간으로 확대되면서 자연규칙의 보편성은 의심할 수 없는 사실로 믿게 되었다.

7-3
자연규칙은 불변한다

　자연현상은 끊임없이 변한다. 그러나 그 변화를 만드는 자연규칙은 불변한다. 자연규칙의 불변성은 자연규칙이 우주 자연의 시공간에 보편적으로 작용함을 의미한다. 자연규칙은 과거와 현재와 미래 그리고 우주 공간의 어디에서도 동일한 원리로 불변적으로 작용한다. 자연규칙의 불변성이 없다면, 이 우주 자연이 동일한 질서로 존속하는 것은 불가능하다. 불변하는 자연규칙을 보자.

* 빛이 직진, 반사, 굴절하는 규칙은 불변한다.
* 양전하와 음전하가 서로 당기는 규칙은 불변한다.
* 열이 높은 곳에서 낮은 곳으로 이동하는 규칙은 불변한다.
* 물이 액체, 기체, 고체로의 상태변화하는 규칙은 불변한다.
* 물체가 낙하하는 규칙은 불변한다.
* 원자가 만들어지고 작동하는 규칙은 불변한다.
* 분자가 만들어지고 작동하는 규칙은 불변한다.
* 세포가 만들어지고 활동하는 규칙은 불변한다.
* 아미노산과 단백질이 만들어지는 규칙은 불변한다.
* DNA 생성 규칙과 복제 규칙은 불변한다.
* 유전자의 구성과 활동 규칙은 불변한다.
* 생물 형질의 형성 규칙과 유전의 규칙은 불변한다.

- 광합성 시스템의 작동 규칙은 불변한다.

- 세포호흡 시스템의 작동 규칙은 불변한다.

- 생명시스템의 작동 규칙은 불변한다.

- 물리규칙은 불변한다.

- 화학규칙은 불변한다.

- 생명규칙은 불변한다.

- 자연규칙은 불변한다.

7-4
자연규칙은 새로 만들어지거나 바뀌거나 변하지 않는다

자연규칙이 불변한다면, 자연규칙은 새로 만들어지거나 바뀌거나 변하지 않아야 한다. 당연한 논리적 귀결이다. 그래서 어떤 자연규칙도 태초 이후 새로 생겨나거나 바뀌거나 변할 수 없다.

자연규칙이 돌발적으로 바뀌면 어떤 일이 발생할까? 자연규칙 자체의 변화는 자연질서의 변화를 의미하는데, 지금까지 이런 사건은 일어난 적이 없어 그 결과를 상상하기조차 쉽지 않다. 만약 수소분자(H_2)의 결합규칙에 어떤 돌발적 질서의 변화가 일어나 이 우주의 모든 수소분자가 일시에 해체되는 결과를 상상해 보자. 그 순간 이 우주 공간의 모든 별들과 은하와 수소분자가 들어간 모든 물질이 한순간에 파괴되고 붕괴되어 이 우주 공간은 마치 빅뱅 초기와 비슷한 대혼돈 상태로 변할 것이다. 또 자연규칙의 변화로 이 지구의 물분자(H_2O)가 일시에 돌발적으로 해체되는 사건을 생각해 보자. 지구상의 바다와 강물과 구름이 한순간에 사라지고, 모든 생명체는 한순간에 해체될 것이다. 이와 같은 상황이나 모습이 상상이 되는가? 이런 상상을 초월하는 파멸적 사건이 발생하지 않은 것은 전적으로 자연규칙의 불변성 덕택이다.

7-5
자연규칙이 수정되는 것처럼 보이는 경우

자연규칙이 아니라 과학지식이 수정되는 것이다

자연규칙이 불변한다면, 그것이 바뀌거나 수정되는 일은 없을 것이다. 그런데 드물게 어떤 자연규칙이 수정된다거나 내용이 바뀐다는 뉴스를 접하는 경우가 있다. 사실은 자연규칙 자체가 수정되거나 변경되는 것이 아니라, 그 자연규칙에 대한 인류의 과학지식이 수정되는 것이다. 자연규칙 자체는 불변한다. 그 사례들을 보자.

1. 낙하 규칙의 경우

"무거운 물체가 빨리 낙하한다"는 아리스토텔레스의 주장은 인류가 2,000년 이상 굳게 믿어온 낙하 규칙이었다. 일상적 경험으로 그렇고, 상식적 실험을 해보아도 그렇다. 옥상에서 돌덩이와 솜뭉치를 던져보면, 어느 게 먼저 떨어질지는 자명하다. 이 당연한 상식에 의문을 품은 사람은 근대 과학의 아버지, 갈릴레오 갈릴레이(Galileo Galilei, 1564~1642)이다. 그는 이론적으로 "무거운 물체나 가벼운 물체나 같은 속도로 낙하한다"고 생각하고 그 유명한 '피사의 사탑' 실험을 여러 사람들 앞에서 시도했지만 그 실험으로 진위를 가리기는 어려웠다. 이론에 맞는 실험 환경을 제대로 갖추지 못했기 때문이다.

400년 후 달 표면에서 확인되다　1971년 미국의 우주선 아폴로 15호(최초의 달 탐사선은 1969년 아폴로 11호임)가 달에 착륙했을 때 우주인은 흥미로운 실험을 했다. 매의 깃털과 쇠망치를 준비해 달에서 갈릴레이의 실험을 재현한 것이다. 그 결과 공중의 같은 높이에서 떨어뜨린 두 물체는 정확히 같은 속도로 낙하해 표면에 닿았다. 달의 표면은 공기의 저항이 없으므로 물리적으로 이상적인 실험 조건이 충족되었던 것이다. 갈릴레이의 뛰어난 통찰력은 400년 후 달의 표면에서 명쾌하게 증명되었다.

2. 행성 궤도의 경우

지금도 행성 운동에 관한 지식이 부족한 사람들에게 행성의 운행 궤도를 묻는다면, 대다수는 '타원'이 아닌 '원형'으로 답할 것이다. 인류의 선각자인 플라톤도, 아리스토텔레스도 그러했다. 1,400여 년간 인류가 굳게 믿어온 프톨레마이오스의 천동설에서도 행성 궤도는 여전히 원형이었다.

■ **요하네스 케플러(J. Kepler, 1571~1630)**
독일의 천문학자. 갈릴레오 갈릴레이와 함께 과학혁명의 선구자
이자 천체역학의 창시자. 행성의 궤도가 타원임을 알아냈다.

　독일의 천문학자 케플러는 불굴의 용기와 집념으로 갖은 어려움을 견디며 전임자 브라헤가 남긴 방대한 천문 관측 자료를 분석하고 계산하는 끝없는 시행착오를 지속한 노력(계산기도 없던 시절, 필산으로 사칙연산을 끝없이 되풀이하는 수십 년의 노고에 머리가 숙여진다) 끝에 마침내 행성의 궤도가 타원임을 알아내는 쾌거를 이루었다. 뼛속까지 플라톤주의자였던 케플러는 플라톤의 가르침에 따라 행성의 궤도가 원임을 굳게 믿어 의심치 않았다. 그런데 화성이나 지구의 궤도(화성이나 지구의 궤도는 거의 원에 가깝다)를 정밀 분석한 계산 결과는 완전한 원과는 조금 차이가 났다. 보통의 경우 이 정도 차이는 관측상의 오류쯤으로 생각하고 가볍게 무시할 수 있었겠지만, 그럼에도 '원'이라는 자신의 신념을 버리면서까지 브라헤(케플러와 브라헤의 사이는 그리 좋지 않았다)의 객관적 관측 데이터를 신뢰했다. 브라헤가 남긴 자료의 평균 오차는 불과 4분 각도(1분 각도는 1/60도이다)였다. 그 관측 결과에 따라 행성의 궤도는 '원'이 아니고 '타원'임을 밝혔다. 이 사례는 과학 역사에서 귀납주의로 진리를 발견한 아주 드문 사례이다. 케플러를

귀납주의의 화신이라 할 수 있는 것도 바로 이런 이유에서다.

　행성의 궤도가 원형에서 타원으로 수정된 것은 과거에 원형으로 돌던 궤도가 어느 시점부터 타원으로 돌게 된 것이 아니다. 본래부터 행성의 궤도는 타원이었지만 인류가 이를 알아내기까지는 오랜 세월이 걸렸다. 행성의 궤도 자체는 변함없이 타원이었지만 이를 원형으로 잘못 알고 있었던 인류의 지식이 수정된 것이다.

〈참고 자료〉

■ 케플러의 행성 운동의 세 가지 법칙

　천문학의 발전에 획기적으로 기여한 케플러의 행성 운동의 세 가지 법칙은 다음과 같다.

제1법칙 : 모든 행성은 태양 주위를 타원 궤도로 공전한다.
　　　　 (타원 궤도의 법칙)

제2법칙 : 행성이 같은 시간 동안 공전궤도를 훑고 지나가는 넓이는 같다.
　　　　 (면적속도 일정의 법칙)

제3법칙 : 행성 공전주기의 제곱은 공전궤도 장반경의 세 제곱에 비례한다.
　　　　 (조화의 법칙)

위의 두 사례에서 보았듯이, 어떤 자연규칙을 완벽히 알아내는 것은 쉬운 일이 아니므로 잘못 알았던 과학지식은 수정되거나 보완된다. 때로는 규칙을 표현하는 언어상의 오류나 부정확함이 수정될 수도 있다. 그러나 자연규칙은 절대 불변하므로 규칙 그 자체가 바뀌거나 수정되는 일은 결코 일어날 수 없다.

행성의 궤도는 타원이라고 하는데, 왜 행성의 궤도가 꼭 타원이어야 하는지 생각해 보자. 일반적으로 행성의 궤도는 중심별과 행성 그리고 주변 천체들의 중력과 행성의 속도에 따라 결정된다. 여기서 우리의 주된 관심은 왜, 행성의 궤도가 '원'이 아니고 꼭 '타원'이어야 하는 점이다. 사실 수학적인 원 궤도는 불가능하다. 왜냐하면 모든 별과 천체들의 질량은 미세하게 보면 계속 변하므로 그에 따라 중력의 크기도 계속 변하므로 행성의 궤도도 계속 변할 수밖에 없다. 원은 완전하므로 원 궤도는 전 구간의 속도가 일정해야 하므로 원 궤도는 현실에서는 불가능하다. 그래서 행성의 모든 궤도는 타원일 수밖에 없다.

그리고 타원 궤도는 우주에서 천체의 원활한 운행과 은하의 형성에 지대한 공헌을 하고 있다. 타원 궤도가 아니면 수많은 은하의 생성과 운행은 불가능했을 것이다. 태양계처럼 어떤 단위의 천체 무리의 집합 운행체가 만들어지려면 타원 궤도는 필수적이다. 초신성 폭발 직후의 조각나 우주 공간으로 흩어진 천체들이 다시 모여 재편되고 새로운 운행 질서를 가지려면 타원 궤도라야 쉽게 형성될 것이다. 타원 궤도라야 다양한 속도에서 비교적 자유롭게 어떤 궤도에 진입하거나 새로운 궤도를 만들 수 있다. 타원 궤도에서 모든 구간의 속도는 모두 다르기 때문이다. 자연규칙의 오묘함에 새삼 감탄하지 않을 수 없다.

7-6
자연규칙은 만들 수 없다

인간은 자연규칙을 만들 수 없다

이 우주 자연에서 가장 유능한 존재라는 인간은 '자연규칙을 만들 수 있을까' 답은 '아니오'다. 쿼크에서 우주까지 비밀을 알아내고, 우주선을 쏘아 올리고, 핵폭탄을 만들고, 복제 동물을 만드는 등 불가능을 하나하나 정복해가는 대단한 인간이지만 '자연규칙을 만드는 일'은 아예 시도조차 하지 않는다. 그 일이 원천적으로 불가능함을 알기 때문이다.

인간이 우주 생명계의 제일인자로 아무리 대단하고 유능해도 자연규칙을 만들 수는 없다. 새로 만드는 것은 고사하고 이미 있는 자연규칙을 없앨 수도 없으며, 규칙의 털끝 하나도 바꿀 수 없다. 그것은 원천적으로 불가능한 일이다. 인간이 가능한 일은 이미 존재하는 자연규칙의 원리를 알아내어 그 정해진 규칙을 이용할 수 있는 방법밖에 없다.

만약 인간이 자연규칙에 조금이라도 작위적 영향을 미칠 수 있다면 지금 지구촌의 최대 고민인 지구온난화 문제도 간단히 해결할 수 있다. 이산화탄소 분자의 결합이나 해체의 규칙을 조금 바꿀 수 있으면 간단히 해결될 것이다. 그러나 그 일이 원천적으로 불가능함을 알기에 간혹 영구기관을 발명해 보겠다는 기술적인 도전은 있었지만 자연규칙 자체를 만든다거나 바꾸어보겠다는 도전은 아예 시도조차 하지 않는다. 자연규칙의 불변성을 알기 때문이다.

7-7
자연규칙 불변성의 논리적 근거

자연규칙은 불변한다. 자연규칙 불변성의 논리적 근거는 다음과 같다.

1. 우주 자연이 불변적으로 유지, 존속되고 있다.
2. 모든 시공간에 보편적으로 작용한다.
3. 우주 자연의 미래 변화를 예측할 수 있다.
4. 예측 결과를 실험으로 재현할 수 있다.

첫째 논거 지금까지 축적된 과학지식을 기초로 논리적으로 살펴볼 때, 우주 자연은 불변적으로 유지, 존속되고 있음을 알 수 있다. 빛을 보자. 빛은 불변적으로 작용하고 존재한다. 빛의 직진, 반사, 굴절하는 규칙은 불변한다. 시력을 가진 모든 동물이 불변적으로 볼 수 있는 것은 빛의 규칙이 불변하기 때문이다. 모든 물질은 본질적으로 불변한다. 물질의 기본 단위인 원자와 분자의 성질이 불변하기 때문이다. 원자와 분자의 불변성은 그 구성 입자의 생성과 결합규칙이 불변하기 때문이다. 생명체가 살아가는 데 필수적인 물의 성질이 불변적으로 유지되므로 생명의 역사는 지속될 수 있었다. 이와 같이 우주 자연이 불변적으로 유지 존속되고 있음은 자연규칙의 불변성을 강력하게 증거한다.

둘째 논거　빛은 과거나 현재나 또 우주의 어떤 공간에서나 동일한 속도로 진행한다. 중력은 우주의 어떤 천체나 물체들 사이에서도 동일한 힘과 원리로 작용한다. 물은 언제나 또 어느 곳에서나 동일한 조건에서 액체, 기체, 고체로의 상태변화를 한다. 이와 같이 자연규칙이 우주 자연의 모든 시공간에 보편적으로 작용함은 그 불변성에서 나오는 것이다.

셋째 논거　달의 운동 규칙을 알면 밀물과 썰물의 때를 알 수 있고, 해와 지구와 달의 운동 규칙을 알면 일식과 월식의 때를 예측할 수 있다. 이와 같이 자연현상의 미래 변화를 예측할 수 있음은 자연규칙의 불변성이 있기 때문이다.

넷째 논거　어떤 자연규칙을 알면, 그 규칙의 작용으로 이루어지는 미래의 결과를 실험을 통해 확인할 수 있다. 어떤 자연규칙이 작용하는 물리적 필요충분조건을 갖추면 언제든지 같은 실험으로 같은 실험 결과를 얻을 수 있다. 우리는 일상에서 물의 상태변화규칙을 이용해 물을 고체인 얼음으로 만들거나 기체인 수증기로 만들 수 있다. 또 인공위성을 사용하여 GPS(Global Positioning System) 시스템으로 세계 어느 곳에서든지 자신의 위치를 정확하게 알 수 있음은 불변하는 전파의 이동 규칙을 알기 때문이다. 이와 같이 어떤 자연규칙의 예측 결과를 실험으로 재현할 수 있음은 자연규칙의 불변성이 있기 때문이다.

7-8
자연규칙 불변성의 의미

절대 불변하는 진리가 있음을 증언한다

앞에서 자연규칙 불변성의 논리적 근거를 4가지의 관점으로 제시했다. 만약 자연규칙의 불변성이 없다면 인류가 지금까지 확립한 자연과학 지식은 모두 쓰레기장으로 가야 한다. 그리고 인류가 쌓아 올린 과학 문명은 언제 붕괴될지 모르는 허상이다.

원소주기율표를 다시 살펴보자. 인류는 현재까지 원소주기율표에 올라있는 118개의 원소를 확인했다. 원자핵과 전자로 이루어지는 원자의 기본 구조는 불변하며, 모든 원자의 결합 규칙은 불변한다(여기에 우연적 결합은 없다). 수소, 헬륨, 산소, 탄소, 질소 등 모든 원자의 성질은 불변한다. 원자가 불변하므로, 이들 원자가 불변하는 분자식이 보여주듯 원자의 분자결합 규칙에 따라 만들어지는 모든 분자는 불변한다(분자결합에도 우연적 결합은 없다).

물질을 이루는 기초, 기본 단위인 모든 원자와 분자가 불변하므로 모든 분자 물질의 성질은 불변한다. 따라서 물질은 본질적으로 불변한다.

물질의 불변성은 자연규칙의 불변성에서 나온다. 이 우주 자연의 존속하는 한 자연규칙은 변할 수 없다. 이 사실은 의심할 수 없으며 자명하다. '자연규칙의 불변성'은 이 세상에 절대 불변하는 진리가 있음을 증언한다.

제8장 생명규칙은 불변한다

제8장

생명규칙은 불변한다

8-1
물리규칙과 생명규칙

이 우주 자연의 존재는 생물과 무생물로 구성되어 있다. 무생물은 물리규칙(화학규칙을 포함한다)의 지배를 받고, 생물은 물리규칙과 생명규칙의 지배를 동시에 받는다. 무생물과 생물의 차이는 그 안에서 생명 활동이 일어나고 있느냐, 아니냐에 따라 구별된다. 생명 활동이 일어나고 있으면 생물이고, 그렇지 않으면 무생물이다. 생명 활동은 자연규칙 프로그램인 생명시스템의 작동으로 일어난다. 생명시스템이 작동할 때 물리규칙과 생명규칙은 항상 동시에 작용한다.

물리규칙은 우주의 모든 물리적 운동과 변화를 지배하는 규칙이다. 모든 물질과 물체는 어떤 경우에도 물리규칙의 지배를 벗어날 수 없다. 생명규칙은 생물을 지배하는 규칙이다. 생명규칙은 생물의 출생, 생장, 죽음에 이르는 생명 활동을 관장하고 지휘하는 규칙이다. 생명규칙은 생물이 살아있는 동안 생물을 지배한다.

생명 활동은 생명시스템의 작동으로 일어난다. 생명시스템은 물리규칙과 생명규칙이 동시 작동하는 자연규칙 프로그램이다. 생물에는 종별, 기관별, 기능별로 각각의 생명시스템이 있으며, 이들은 독립적, 통일적, 유기적으로 협동하여 생명 활동의 목적을 달성한다. 생명시스템이 작동 중일 때 그 생물은 살아있고, 생명시스템이 작동을 멈추면 그 생물은 죽은 것이다(제2장 참고).

8-2
멘델이 처음 밝혀낸 생명규칙

■ **그레고어 멘델**(Gregor Johann Mendel, 1822~1884)
오스트리아의 로마 가톨릭 수사이자 사제로서 혼자 실험과 연구로 유전의
기본원리를 최초로 밝혀낸 생물학자. 완두 교배 실험으로 '멘델의 법칙'을 발견했다.

　　과학에서 처음으로 생명규칙이 밝혀졌다. 1868년 멘델(G. J. Mendel, 1822~1884)은 완두 실험으로 최초로 '유전규칙'을 발견했다. 1800년대까지 유력한 유전 원리는 '혼합설'이었다. 빨간색과 노란색이 섞이면 주황색이 되는 것처럼, 부모의 형질이 섞여 자손에게 전달된다고 막연히 생각했다. 그런데 이 생각이 잘못되었다는 것이 멘델의 과학적 실험으로 밝혀졌다. 멘델의 결정적 공헌은 불변적 '유전 인자(지금의 유전자)'의 발견이다. 멘델이 확립한 유전규칙은 다음과 같다.

⑴ 모든 생물에는 형질을 결정하는 한 쌍의 '유전 인자'가 있다. 이 유전 인자는 어버이로부터 하나씩 물려받은 것이다.

⑵ 쌍을 이룬 유전 인자가 서로 다를 경우, 하나의 유전 인자만 형질로 표현되며, 나머지 유전 인자는 표현되지 않는다.

⑶ 쌍을 이루는 유전 인자는 생식세포가 만들어질 때 분리되어 각각 서로 다른 생식세포로 들어간다.

⑷ 두 종류 이상의 형질이 유전될 때 각 형질을 표현하는 유전 인자는 서로에 대해 독립적으로 유전된다.

멘델의 '유전 인자'의 발견으로 '유전자'의 개념이 확립되었다. 그가 밝혀낸 우열의 원리, 분리의 법칙, 독립의 법칙은 생물의 유전을 지배하는 생명규칙이다. 이 생명규칙에 따라 어버이의 형질이 대대로 자손으로 전달되며 생물 종의 고유한 특징이 불변적으로 유지된다.

멘델의 유전규칙은 유전 현상에 적용되는 일반적 규칙이다. 생명 현상을 지배하는 일정한 규칙이 과학적인 방법으로 밝혀진 것은 처음이다. 이후 DNA 발견 등 분자생물학 시대가 열리면서 생물의 발생, 생장, 생식, 유전 그리고 물질대사 등의 생리화학 작용과 이들의 생명시스템들이 밝혀지고, 여러 생명규칙도 밝혀졌다. 어떤 생명규칙이 과학적으로 밝혀졌다는 것은 그 규칙이 일정한 규칙성과 불변성을 가졌음을 의미한다.

전 우주와 자연을 지배하는 보편적 물리규칙인 '만유인력의 법칙'을 처음 밝혀낸 사람이 뉴턴이라면, 생명체를 지배하는 일반적 생명규칙을 처음 밝혀낸 사람은 멘델이다. 이 두 사람의 위대한 공적은 물리규칙과 생명규칙, 즉 자연규칙의 보편성과 불변성을 과학적으로 밝혀냈다는 점이다.

고대 그리스 철학 이래로 인류의 사상사에는 "만물의 본질은 불변한다"는 생각과 "만물은 변하며, 고정불변하는 것은 없다"는 생각이 끊임없이 대립해 왔다. 이 두 사상의 우열에 따라 인류의 세계관과 인생관은 큰 영향을 받았다. 자연규칙 보편성과 불변성의 입증은 자연에 있는 '진리의 보편성과 불변성'이 과학적으로 확립되었음을 의미한다.

8-3
생명규칙은 불변한다

    생물은 태어나고, 생장하고, 번식하고, 죽는다. 이 일생의 과정은 생명 활동의 연속 과정이다. 모든 생명 활동은 생명규칙의 지배를 받으며, 생명시스템에 프로그램된 내용과 절차에 따라 진행된다. 생명규칙은 자연규칙으로 불변한다(제2장 참고). 그 구체적 사례들을 보자.

- 멘델의 유전규칙은 불변한다.
- 광합성의 규칙은 불변한다.
- 세포호흡의 규칙은 불변한다.
- 세포분열 규칙은 불변한다.
- DNA의 뉴클레오타이드에서 인산, 당, 염기가 1:1:1로 이루어지는 규칙은 불변한다.
- DNA에서 염기 아데닌(A)은 티민(T)과 결합하고, 구아닌(G)은 사이토신(C)과 결합하는 염기 결합규칙은 불변한다.
- DNA의 복제 규칙은 불변한다.
- 유전정보로부터 단백질이 합성되는 규칙은 불변한다.
- 유전정보의 저장과 전달 규칙은 불변한다.
- 세포에서 진행되는 생명 활동규칙은 불변한다.
- 생물의 물질대사 규칙은 불변한다.
- 식물 줄기 생장에서 굴광성의 규칙은 불변한다.

- 정온동물의 체온 조절 규칙은 불변한다.
- 물질대사의 물질 이동에서 능동 수송 규칙은 불변한다.
- 자극에 반응하고 항상성을 유지하는 규칙은 불변한다.
- 발생과 생장하는 규칙은 불변한다.
- 생식과 유전하는 규칙은 불변한다.
- 생명 활동이 일어날 때 생명시스템에서 물리규칙과 생명규칙이 동시 작동하는 규칙은 불변한다.
- 생명규칙은 불변한다.
- 물리규칙은 불변한다.
- 화학규칙은 불변한다.
- 자연규칙은 불변한다.

8-4
생명규칙 불변성의 논리적 근거

생명규칙 불변성의 논리적 근거는 다음과 같다.

    1. 생물의 불변적 공통적 특성을 만든다.
    2. 생명시스템에서 물리규칙과 항상 동시에 작동한다.
    3. 생물의 역사가 불변적으로 지속된다.

첫째 논거   생명체의 모든 것은 생명시스템의 프로그램으로 만들어진다. 생물학에서 밝힌 생명 현상의 특성 6가지, 즉 '세포로 구성, 물질대사, 자극에 대한 반응과 항상성 유지, 발생과 생장, 생식과 유전, 적응과 진화'라는 생물의 공통적 특성은 생명시스템이 만든다. 그리고 이 공통적 특성은 모든 생물에 보편적이고 불변적이므로 이것의 원천인 생명시스템은 당연히 불변한다. 이 생명 현상의 특성의 생물학 지식 내용에 일부 오류나 흠결이 있더라도 생물의 공통적 특성의 보편성과 불변성은 변함없다. 그것은 인류 과학지식의 부족함일 뿐이다.

둘째 논거   생명 활동이 일어날 때 생명시스템에서 물리규칙과 생명규칙은 항상 동시에 작동함으로서 생명 활동의 목적을 달성한다. 생명 활동에 필수적인 물질의 이동에서 물리적 이동은 물리규칙의 지배를 받고, 어떤 물질이, 언제, 어느 곳에, 얼마의 양이 필요한 지는 생명규칙의 지배를 받는다. 이와 같이 두 규칙은 생명시스템에서 항상 동시 작동하기 때문에 생명규칙은 당연히 물리규칙과 함께 불변성을 가져야 한다.

셋째 논거 생명시스템은 생명규칙 프로그램이므로 생명규칙이 바뀌면 생명시스템에 영향을 미친다. 한 생물 개체에 있는 종별·기관별·기능별 여러 생명시스템들은 서로 연계되어 있으며 유기적으로 서로 협동한다. 만약 생명규칙의 불변성이 없어 시스템에 어떤 돌발적인 변화가 발생한다면 전체 시스템은 마비되고 바로 생존의 위기에 처할 것이다. 생명의 역사에 천재지변에 의한 큰 생물 멸종은 여러 차례 있었지만 그것은 외부 요인이기 때문에 생명의 역사가 끝나는 파멸로 가지는 않았다. 그러나 생명규칙의 불변성이 없어 생명시스템의 불변성이 보장되지 않는다면 생명의 역사는 지속될 수 없다. 생명 역사의 오랜 지속은 생명규칙의 불변성을 뒷받침하는 중요한 근거이다.

8-5
생명규칙은 설계되었다

생명규칙은 물리규칙보다 목적성이 분명하다. 물리규칙도 통찰적인 관점으로 보면 목적성이 보인다. 물의 성질을 보면, 생명을 위해 인간이 작위적으로 만든다고 해도 그렇게 생명에게 필요하고 유리한 여러 성질들을 생각해 내기는 어렵다. 특히 얼음이 물에 뜨는 성질은 겨울철 수중생물들의 생존에 크게 유리하다. 이 성질은 일반적으로 고체는 액체보다 밀도가 높고 무겁다는 과학규칙을 역행하는 성질로 생물을 위하는 목적성이 아니면 발상이 쉽지 않다(4-3-5 불변하는 물의 성질 참고).

생명규칙의 분명한 목적성에 대해 그 의미를 살펴보자. 생명규칙의 목적은 첫째, 생존에 유리하며, 둘째, 생명 역사의 지속을 위한 목적이다. 다양한 생물의 종류와 수많은 종들 그리고 각각의 생명체들의 다양한 형태와 삶의 방식들을 볼 때, 생명의 세계는 뚜렷한 목적성으로 만들어졌음이 분명하다. 생물의 먹이사슬 구조 역시 종속영양생물의 먹이 취득을 용이하게 하면서 동시에 생명의 역사가 지속되는 방향으로 설계되었다고 할 수 있다.

제9장 우연은 불변성을 만들 수 없다

제9장

우연은 불변성을
만들 수 없다

9-1

알 수 없으면, 우연인가?

'우연, 우연, 우연이…' 모든 것을 만든다. 최초 생명체도, DNA도, RNA도, 아미노산도, 단백질도, 세포도, 돌연변이도, 그리고 생명체의 모든 최초의 형질도… 다윈 진화론은 원시 진화와 관련해 잘 알 수 없는 원인을 모두 '우연'이라고 한다.

한국의 대표적 다윈 진화론자 최재천 교수는 그의 저서 《다윈 지능》(사이언스북스, 2012년, 1판 9쇄) 18쪽에서 "다윈이 아니었더라면 우리 인간을 포함한 자연의 모든 생물들이 태초 생명의 늪에서 '우연히' 발생한 지극히 단순한 하나의 생명체로부터 분화되어 나온 진화의 산물이라는 사실을 깨닫지 못했을 수도 있다"고 말한다. 지구상에 최초의 생명이 어떻게 출현했는지 과학적으로 증명되지 않았다. 지금 생물학에서 말하고 있는 생명의 기원에 대한 심해열수구설 등 여러 설명들은 모두 논리적으로 확실한 근거가 없는 추측성 가설들이다. 그런데 한국의 대표적 진화학자가 최초 생명체가 "태초 생명의 늪에서 '우연히' 발생했다"고 자연스럽게 사실처럼 말하는 것이 놀랍다. 이처럼 원시 진화와 관련하여 결코 알 수 없는 원인들을 다윈주의자들은 우연으로 간단히 추정해 버린다. 다윈주의자들은 생물의 불변성에 대해서는 아예 보려고 하지 않는다. 불변성을 보게 되면 진화(변화)가 부정되므로 그러한지 모르지만 이러한 경향은 세계적 다윈주의 학자들인 대니얼 데닛, 리처드 도킨스, 헬레나 크로닌, 스티브 존스, 마이클 셔머, 제임스 왓슨, 스티븐 핑거, 에른스트 마이어 등도 별반 다르지 않다.

도킨스의 착각

《이기적 유전자》로 널리 알려진 열렬한 다윈주의자 리처드 도킨스(R. Dawkins, 1941~)는 그의 저서 《만들어진 신》(김영사, 2007년 1판) 4장에서 동물의 눈이나 편모 같은 복잡한 기관이 자연선택의 누적적인 과정에서 '우연히' 만들어질 수 있다고 말한다. 그는 최신 분자생물학 지식과 대중이 감탄할 희귀한 사례들을 보이며 자연선택 과정에서 새로운 생물 종이 '우연'으로 출현할 수 있다고 주장한다. 그러나 그는 어떤 변이가 유전적 변이가 되려면 '불변성'이 있어야 하며, 그 불변성은 우연으로 만들어질 수 없다는 논리적 사실을 모른다. 그는 위의 책 188쪽에서 "설계는 우연의 유일한 대안이 아니다. 자연선택이 더 나은 대안이다 …(중략)… 답은 자연선택이 누적적인 과정이며, 그 과정이 비개연성이라는 문제를 작은 조각들로 나눈다는 사실이다. 각 조각은 약간 비개연적이긴 해도, 심한 정도는 아니다. 이 약간 비개연적인 사건들이 연속해서 쌓이면 그 최종산물들은 아주 비개연적 즉, 우연이 도달할 수 없을 정도로 비개연적이 된다"고 설명한다. 쉽게 말하면 한마디로 동물의 눈과 같이 생명체의 아주 복잡한 기관도 오랜 기간 수많은 세대의 작은 우연적 변화가 연속적으로 쌓이면 만들어질 수 있다는 말이다.

도킨스 주장의 문제점을 살펴보자. 그 주장을 요약하면 생명체의 어떤 복잡한 기관이나 형질도 다윈적 진화의 자연선택 과정에서 우연적으로 생성될 수 있다는 것이다. 문제는 어떤 변이의 물질적 구조나 형태는 우연으로 만들어질 수 있지만 그 변이가 대대손손 유전되려면 불변성을 가져야 한다. 그래야 하나의 형질이 될 수 있기 때문이다. 그러나 생물 형질의 불변성은 우연으로 만들어질 수 없다. 왜냐하면 모든 형질의 생명 활동을 일으키는 생명시스템은 자연규칙 프로그램(제2장에서 논증)이므로 자연규칙은 우연으로 만들어질 수 없기 때문이다. 새로운 변이의 생명시스템이 우연으로 만들어질 수 없다면 새로운 변이 출현이 불가능하므로 다윈의 자연선택론은 허구다.

9-2
자연현상은 가변적이다

■ 구름의 가변적 모습

하늘에 떠있는 구름의 모습은 끊임없이 변한다. 이처럼 자연의 현상적 모습은 가변적이다.
그러나 구름의 모습은 가변적이지만 그 구름을 만드는 물의 성질은 불변한다.

    자연의 현상적 모습은 가변적이다. 하늘에 떠있는 구름, 흐르는
강물, 출렁이는 바닷물의 모습은 끊임없이 변한다. 수십 년 비바람
에 불변하는 듯 보이는 바위 산봉우리도 알게 모르게 풍화작용으
로 변해가고 있다. 봄, 여름, 가을, 겨울 사계절과 기후변화에 따라
산천의 모습은 늘 변한다. 물은 액체, 고체, 기체로 온도 변화에 따
라 상태변화를 한다. 금속은 녹슬고, 영원불변의 상징, 다이아몬드
도 고온에서는 이산화탄소로 변해버린다. 해와 달, 우주의 모든 별
과 행성 그리고 은하들은 끊임없이 움직이고 탄생과 소멸을 되풀이
한다. 빅뱅 이래 빛이 생겨나고, 원자·분자 등 모든 물질이 생겨나고

뭉치고 흩어지기를 되풀이한다. 우주 공간은 지금도 팽창을 지속하고 있다. 미시세계에서는 전자와 쿼크와 소립자들은 끊임없이 결합과 해체를 되풀이하며 물질세계를 만들고 변화시킨다. 이처럼 물질세계의 현상적 모습은 가변적이다.

생물의 현상적 모습은 더 가변적이다. 생물은 태어나는 순간부터 생장하고 번식하고 사멸할 때까지 끊임없이 변화한다. 한 부모에게서 태어난 자손들도 개별적 모습은 모두 조금씩 다르다. 한 종의 수만 그루의 나무들 중 가지 모양이 구체적으로 서로 똑같은 것은 하나도 없으며, 지금 지구상에 있는 수억 마리의 닭들 중 크기, 형태, 모양이 서로 똑같은 것은 한 쌍도 없다. 한 개체도 태어나 생장하고 죽을 때까지 형태와 모습과 크기가 이 똑같은 적은 한순간도 없다.

본질은 불변성에 있다 자연계의 현상적 모습은 온통 가변적인 것처럼 보인다. 그러나 그것은 감각적인 모습일 뿐 자연의 본 모습은 아니다. 자연의 본질은 불변성에 있다. 자연 존재들이 가진 불변성에서 그들의 본질을 찾을 수 있다. 원자와 분자는 불변하므로 물질은 불변한다. 자연의 존재인 생물 또한 불변한다. 모든 생명시스템이 불변하기 때문이다(제2장 논증 참고). 물질세계와 생명 세계는 불변하므로 우주 자연은 불변한다. 우주 자연은 자연규칙에 따라 생성 변화할 뿐 자연규칙에 없는 어떤 본질적 변화도 일어날 수 없다. 우연은 자연의 불변성에 어떤 영향을 미칠 수 없다.

▪ 소나무 껍질의 가변성과 불변성

한 종의 소나무라도 그 껍질 모습은 구체적으로 조금씩 다르며 똑같은 것은 하나도 없다.
그러나 소나무는 다른 나무들과 구별되는 소나무 껍질의 공통적 모습이 있다. 이 공통적 모습은 불변한다.

우주 자연의 불변성

우주 자연의 본질은 불변한다. 물질의 기초 단위 입자인 원자와 분자가 불변하므로 물질은 불변한다. 그리고 생명시스템이 불변하므로 생물 또한 불변한다. 우주 자연의 현상적 모습은 가변적이지만 그 본질은 불변한다.

우주 자연에 있는 불변성을 살펴보자.

1. 중력은 불변한다

질량이 있는 모든 물체들이 서로 끌어당기는 힘인 중력은 불변한다. 이 우주의 모든 별들과 행성들의 회전 운동은 중력의 작용으로 일어난다. 지구 표면에 떠있는 물체들이 지구 중심으로 낙하하는 것도 중력의 작용이다. 중력의 크기는 두 물체의 질량의 곱에 비례하고, 두 물체 사이의 거리의 제곱에 반비례한다. 중력이 불변하므로, 우주의 모든 천체들은 태초 이래 조화롭고 안정적인 회전 운동을 지속할 수 있다.

2. 전자기력은 불변한다

양전하와 음전하가 서로 당기는 힘인 전자기력은 불변한다. 자연계에 존재하는 4가지 상호작용 중 둘째로 강한 힘이다. 양전하와 음전하의 힘의 작용 방향은 서로 반대이고, 힘의 크기는 동일하다.

전자기력은 원자를 구성하고, 모든 분자를 결합시키는 힘이다. 물질의 화학 작용과 변화의 대부분은 이 힘의 작용으로 일어난다. 빛도 전자기파의 일부분이고, 소리도 이 힘의 작용으로 발생한다. 태초 이래 물질세계가 혼돈적이거나 파멸적 결과를 초래하지 않고 안정적으로 유지되는 것은 전자기력의 불변성에 근거한다.

3. 물질은 불변한다

이 우주를 구성하고 있는 모든 물질은 본질적으로 불변한다. 왜냐하면, 물질의 화학적, 물리적 기초 단위 입자인 원자와 분자의 성질이 불변하기 때문이다.

원자의 불변성 물질의 최소 단위 입자인 원자는 불변한다. (+)전하를 띠는 원자핵과 (-)전하를 띠는 전자로 구성되는 원자의 기본 구조와 그 화학적 성질은 불변한다. 원소주기율표에 나와 있는 모든 원자(원소)들의 기본 구조와 그 성질은 불변한다. 우주 탄생 이래 수소, 헬륨, 산소, 탄소, 질소 등 모든 원자의 원소적 성질은 불변한다.

주기율표로 정리되는 모든 원자의 구조와 그 성질의 불변성은 과학이 밝혀내고 증명한 것이다.

분자의 불변성 물질의 고유한 성질을 갖는 최소 단위 입자인 분자는 불변한다. 분자는 한 종류 이상의 원자들이 자연규칙에 정해진 '분자결합규칙'에 따라 결합된 최소 단위 입자이다. 모든 분자들은 그 분자를 구성하는 원자의 종류와 수로 나타내는 불변적 분자식을 갖는다. 분자의 종류는 수천만 종에 달하며 각각의 분자는 그 분자로 존재하는 동안 그 분자의 성질은 불변한다.

물분자가 이 우주에 최초로 출현한 이후 지금까지 현상적 모습은 끊임없이 변화했지만 물의 성질이 불변함은 자명하다. 물분자의 원자의 종류와 그 구조가 불변하듯이 모든 분자를 구성하는 원자의 종류와 구조는 불변한다. 따라서 물질은 본질적으로 불변한다.

4. 생물은 불변한다

생명 활동을 일으키는 생명시스템은 불변한다. 생명시스템은 물리규칙과 생명규칙이 동시 작동하는 자연규칙 프로그램이다. 자연규칙은 불변하므로 생명시스템은 불변한다(제2장에서 증명). 생물 종은 종별 생명시스템을 가지며, 모든 형질은 각각 그 형질의 생명 활동을 일으키는 형질별 생명시스템을 가진다. 생물 종과 모든 형질의 생명시스템이 불변하면 모든 생물은 본질적으로 불변한다.

5. 우주 자연은 불변한다

그리스 철학 이래로 "만물은 변한다"는 생각이 학문과 사상에 영향을 미쳐왔다. 그러나 근대 과학혁명 이후 중력이 발견되고, 원자의 구조가 밝혀지는 등 과학지식이 진전하면서 자연규칙이 모든 자연현상을 불변적으로 지배함을 알게 했다. 나아가 원자와 분자의 불변성은 물질의 불변성을 알게 했다. 그리고 2장에서 증명한 '생명시스템의 불변성'은 자연의 일부인 생물 또한 본질적으로 불변함을 알게 했다.

물질이 불변하고, 생물이 불변한다면, 만물은 변한다는 오랜 사상은 잘못되었음이 분명해졌다. 이제 생물은 끊임없이 변한다는 잘못된 고정관념에 사로잡힌 다윈 진화론은 퇴출되어야 한다.

우연이 변화에 미치는 영향

우연은 자연의 본질에는 영향을 미칠 수 없지만 물체의 크기, 형태 등의 변화나 어떤 사건이 일어나는 때와 장소는 우연이 영향을 미친다.

1. 때와 장소는 우연이 영향을 미친다

우주 자연에서 일어나는 어떤 사건들이 언제 어느 곳에서 일어나느냐 하는 '때와 장소'는 우연의 영향을 받는다. 자연에서 어떤 사건이 일어나려면 그 사건 발생에 필요한 물리적 조건들이 동시 충족되어야 하는데, 그 시기와 장소는 예정되어 있지 않다. 예로 '연소'라는 물리적 사건을 보자. 연소라는 사건이 일어나려면 물리적으로 3가지 조건의 동시 충족이 필요하다. 첫째, 가연성 물질이 있어야 하고, 둘째, 산소가 공급되어야 하고, 셋째, 발화점 이상의 온도에 도달해야 하는, 세 조건의 동시 충족이 필요하다. 이 세 가지 조건이 동시 충족되지 않으면, 우주의 어느 곳에서도 연소라는 사건은 일어나지 않는다. 이 연소의 조건은 자연규칙이 정한 불변적 물리적 조건이다. 하지만 연소 사건이 언제, 어느 곳에서 일어나느냐 하는 '때와 장소'는 자연규칙에 정해져 있지 않다. 우주의 환경 변화에 따라 연소의 세 조건이 동시에 충족되는 때와 장소는 예정되어 있지 않으므로 우연적이다. 이처럼 우주에서 일어나는 사건들의 때와 장소는 우연이 영향을 미칠 수 있다.

2. 우발적 이합집산에 영향을 미친다

자연에서 일어나는 변화들 중 물질들의 우발적 이합집산이나 혼합으로 만들어지는 변화는 우연의 영향을 받는다. 공중에 떠있는 물방울들의 이합집산으로 만들어지는 구름의 형태와 크기는 변화무쌍하고 다양하다. 어떤 크기와 형태의 구름이 만들어질 것인가는 예정되어 있지 않다. 이는 우연적 변화의 결과이다. 고드름, 빙산의 크기와 형태도 마찬가지다.

그러나 물질의 형성에서, 물질의 기초 단위 입자인 원자, 분자의 생성에는 우연이 영향을 미치지 못한다. 모든 원자와 분자의 형성은 예정된 불변하는 자연규칙에 따라 만들어진다. 100여 종의 원자와 수천만 종의 분자들은 정해진 물리규칙으로 만들어지므로 그 구조와 성질은 불변한다. 다만 분자 단위 이상의 물질들의 이합집산은 우연적 변화의 영향을 받을 수 있지만, 그 영향은 그 이합집산적 결합의 크기와 형태에 영향을 미칠 뿐 물질의 본질적 성질에는 영향을 미칠 수 없다. 우주 탄생 이래 물이 생겨난 이후 수많은 물이 액체, 기체, 고체로의 상태변화와 이합집산적 변화가 있었지만 물의 성질에는 어떤 영향도 미칠 수 없었다.

3. 생물 모습의 다양성에 영향을 미친다

생물 개체는 발생과 생장 과정을 통해 생존을 이어간다. 동시에 발생한 개체라 하더라도 각각의 개체에게 주어지는 환경은 조금씩 다르다. 이러한 결과로 개체의 생장 속도와 크기, 모양 등은 차이가 발생한다. 동종의 생물 개체들이 공통적인 비슷한 모습을 갖지만 구체적 형태와 크기는 모두 조금씩 다르다. 이러한 생물 개체들 모습의 차이는 각각의 개체가 생존기간 동안 처한 환경조건의 차이가 만든 것이다. 한 개체에게 주어지는 기후, 먹이 등 여러 환경조건은 끊임없이 변한다. 어떤 생물 개체가 어떤 생존 환경에 처하느냐는 예정되어 있지 않으므로 우연적이다. 그래서 우연은 생물 모습의 다양성에 영향을 미친다.

9-5
우연이 불변성을 만들 수 없는 이유

앞에서 살펴본 것처럼, 우연적 변화의 한계는 분명하다. 우연적 변화는 사건이 발생하는 때와 장소 또는 물질의 이합집산이나 생물의 모습 등에 영향을 미칠 수는 있지만 존재의 본질에는 영향을 미칠 수 없다.

우연이 불변성을 만들 수 없는 이유는 다음과 같다.

1. 우연히 만들어진 것은 또 우연히 변할 수 있다.
2. 불변성은 자연규칙이 만든다.

1) 우연이 불변성을 만들 수 없는 첫째 이유는, 우연히 만들어진 것은 또 우연히 변할 수 있기 때문이다. A가 우연적 변화로 B로 변할 수 있다면, 그 B는 또 우연적 변화로 C 또는 D로 변할 수 있을 것이다. 그러므로 우연은 불변성을 만들 수 없다.
2) 우연이 불변성을 만들 수 없는 둘째 이유는, 불변성은 자연규칙이 만들기 때문이다. 자연은 자연규칙에 따라 만들어졌다. 자연에 있는 모든 불변성은 자연규칙이 만든 것이다. 그래서 원자, 분자의 구조와 성질의 불변성과 생명시스템의 불변성(종과 형질의 불변성의 근거)은 자연규칙인 물리규칙과 생명규칙이 만

든 것이다. 자연규칙이 아닌 어떤 것도 자연의 불변성을 만들수 없다. 따라서 우연적 변화는 자연규칙에 따라 일어나는 변화가 아니므로 자연의 어떤 불변성을 만들 수 없다. 우연은 불변성을 만들 수 없다.

제10장 생명의 기원

생명의 기원

10-1
학문적 접근

인류는 고대로부터 '생명의 기원'을 알고자 하는 간절한 숙제를 풀지 못하고 고심해 왔다. 오랫동안 신비의 영역에 머물던 생명의 기원에 대한 최초 학문적 접근은 근대 과학혁명 이후 17세기 말 자연발생설과 생물속생설의 논쟁으로 시작되었다. 여러 실험과 논쟁을 거쳐 200여 년 만에 파스퇴르에 의해 생물속생설이 확립되었다. 하지만 생물속생설은 '생물은 생물로부터 나온다'는 사실을 말하는 것이지 최초 생물이 어떻게 출현했는지를 밝힌 것은 아니었다. 다윈의 《종의 기원》(1859) 출간 이후 진화론이 확산되면서 생명의 기원 논쟁은 새로운 차원으로 전개되었다.

1953년 영국의 왓슨과 크릭에 의해 DNA의 이중나선 구조가 발견되고, 1924년 러시아 오파린의 무생물에서 생물이 출현할 수 있다는 '화학 진화설'이 가세하면서 생명의 기원 논쟁은 과거 유신론 대 무신론의 논쟁에서 창조론 대 진화론의 논쟁으로 바뀌었다.

지난 수십 년간 기독교계와 다윈주의자들 사이의 창조론과 진화론의 치열한 논쟁은 종교와 철학 그리고 이념과 과학지식이 뒤섞인 논쟁으로 지금까지 어느 쪽도 결정적인 근거를 제시하지 못하였다.

생명의 기원, 드디어 과학과 논리로 밝혀지다

인류의 오랜 숙제이던 '생명의 기원' 문제가 드디어 과학과 논리로 밝혀지게 되었다. 그 해결의 열쇠는 '생명시스템 불변성(제2장에서 논증)'의 발견에서 나왔다. 지구상에 최초의 생명체는 어떻게 탄생했을까? 하는 의문이 과학의 탐구 대상이 된 지 수백 년, 그 해답은 쉽게 찾아지지 않았다. 신비의 영역으로 과학으로는 결코 해결될 것 같지 않았던 난제, 생명의 기원이 드디어 학문적으로 밝혀졌다.

오류인 생명의 기원 가설들

현대 생물학에서 생명의 기원으로 나와 있는 화학 진화설, 원시 수프설, 심해열수구설, RNA 세계설 등 생명의 기원 가설들은 모두 다윈주의에 근거한 학설로 다윈 진화론의 근본적 오류에서 벗어날 수 없다.

다윈 진화론은 생명시스템의 불변성을 보지 못하므로 생물 종의 불변성을 알지 못한다. 또 자연규칙의 불변성에 따라 근본적으로 물질과 생물은 불변한다는 사실도 알지 못한다(제7장, 제8장, 제9장 참고). 다윈주의를 따르는 생명의 기원 가설들이 어떤 새로운 과학적 실험이나 최신 과학지식에 편승한 그럴듯한 학설을 만들어 낸다 해도 그것들이 근본적 오류에 기반하고 있다면 그 주장들은 오류에서 벗어날 수 없다.

1. 화학 진화설

러시아의 오파린이 생명의 기원에 대해 발표한 학설(1922년)이다. 이 가설은 결론적으로 무기물에서 생명체가 우연히 탄생할 수 있다는 주장이다. 원시 지구의 환원성 환경에서 무기물에서 유기물이 합성되고 다시 간단한 유기물이 다시 복잡한 유기물로 변화하는 과정을 거쳐 원시 생명체가 출현했다는 학설이다. 이 주장은 밀러-유리의 실험이 입증되면서 힘을 얻게 된다.

밀러-유리 실험 1952년, 미국 시카고대학의 밀러와 유리는 원시 지구의 환경에서 무기물에서 간단한 유기물이 합성된다는 것을 알아보는 실험을 했다. 실험 장치에 원시 대기 성분인 메테인(CH_4), 암모니아(NH_3), 이산화탄소(CO_2), 수소(H_2), 수증기(H_2O) 등을 넣고, 고전압 전류로 방전을 시켜 번개 등과 같은 원시 지구 환경을 모방했다. 그 결과 글라이신, 알라닌, 글루탐산과 같은 아미노산과 사이안화수소, 알데하이드 등이 검출되었다. 이 실험으로 "원시 지구의 환경에서 무기물로부터 간단한 유기물이 합성될 수 있다"는 사실이 입증되었다. 그러나 이 실험은 단순한 유기물의 합성에 성공한 실험이지 생명의 우연적 출현의 가능성을 입증한 실험은 아니다(자세한 내용은 123쪽의 '밀러와 유리 실험의 한계' 참고).

2. 원시수프설

화학 진화설을 기반으로 한 단계 더 나간 것이 원시수프설이다. 원시 대기 무기물에서 간단한 유기물이 생성되고, 이 유기물이 원시 바다로 흘러들어가 농축되고, 오랫동안 화학 반응을 거쳐 복잡한 유기물(폴리펩타이드, 핵산 등)이 뭉쳐 막으로 둘러싸인 복합체가 형성되어 생명체가 출현하게 되었다는 학설이다.

3. 심해열수구설

심해열수구는 깊은 바다의 밑바닥에서 고온의 물이 뿜어져 나오는 부분으로, 고온·고압 상태이고, H_2, CH_4, NH_3 등의 환원성 기체가 풍부하여 무기물로부터 유기물이 합성될 가능성이 크다고 알려졌다. 원시 지구의 대기 환경은 이산화탄소 등 많은 산화물에 의해 산화 작용이 일어나 유기물의 존재 가능성이 의심받으면서 대신 이곳이 최초 생명체의 탄생 장소로 주목받았다. 1977년, 잠수함을 통한 바닷속의 해저열수구 탐사를 통해 과학자들은 이곳이 생명의 기원일 수 있다는 가설을 제시했다.

4. RNA 세계설

최초의 유전물질은 RNA이며, DNA보다 RNA가 먼저 만들어졌다는 주장이다. RNA는 DNA보다 정보 저장 능력이 단순하여, 원시적인 형태로 3차원 구조가 단순하다. 또 효소의 도움 없이 스스로 복제하여 RNA를 만들 수 있으며, 일부 RNA(ribozyme)는 효소로서의 기능이 가능하다. 또 물질대사에 필수적인 물질(ATP, NAD) 등의 조효소를 합성하는 재료로도 사용될 수 있음이 밝혀졌다.

2009년 존 서덜랜드 연구팀이 원시 지구와 비슷한 환경에서 염기 구조가 합성될 수 있다는 것을 증명하며 이 가설은 주목을 받았다. 그리고 또 효소 기능을 할 수 있는 RNA, '라이보자임(ribozyme)' 이 발견되면서 큰 관심을 받고 있다.

그러나 지금 이러한 생명의 기원의 증거를 찾으려는 시도들은 생명시스템의 불변성을 알지 못하면 헛수고를 되풀이할 뿐이다. 비유하면 중력을 알지 못하고 천체 운동의 원인을 찾으려는 것과 같다.

5. 우주 기원설

외계 유입설이라고도 한다. 이 설에 따르면 지금으로부터 약 35억~40억 년 전 우주 생명체가 운석과 함께 지구에 유입되어 현재 지구상에 있는 생물의 기원이 되었다고 한다. 이 설이 생겨난 배경은 과학계의 유력한 지지를 받는 화학 진화설을 따르더라도 간단한 유기물의 생성에서 원시 생명체의 세포가 탄생하기까지는 논리적으로 거의 불가능한 몇 단계의 과정을 뛰어넘어야 한다. 그런데 우주 기원설을 따르면 이러한 초기 난제들이 일거에 해결된다.

그런데 외계 유입설은 생명의 기원에 대한 바른 답이 아니다. 우주의 어느 곳에서 태어나든 최초 생명체가 '어떻게' 태어났는지를 답해야 한다. 결국 잘 모르거나 알 수 없기는 마찬가지다.

10-3
생명시스템은 태초에 만들어졌다

　나는 생명시스템의 불변성(제2장에서 논증)을 확인하면서 "생명, 태초에 설계되었다"고 감히 선언한다. 과학지식의 기초 위에 논리적으로 추론한 이 주장의 근거를 요약한다. 자연규칙은 절대 불변하며, 생명시스템은 자연규칙 프로그램이다. 생명 활동이 일어날 때 물리규칙과 생명규칙이 동시 작동하는 생명시스템은 불변하므로, 그 생명시스템으로 만들어진 모든 생물 종은 불변한다. 그래서 모든 종은 자기의 생명시스템에서 발현하여 출현한다. 불변하는 자연규칙은 우주 탄생 후 새로 만들어지거나 바뀌거나 변할 수 없으므로 자연규칙 프로그램인 생명시스템은 우주 탄생 이후 새로 만들어질 수 없다. 따라서 생물의 모든 생명시스템은 태초에 만들어져야 한다.

　생명 활동을 일으키는 생명시스템은 물리규칙과 생명규칙이 동시 작동하는 자연규칙 프로그램이다. 자연규칙은 불변하므로 그 프로그램인 생명시스템은 당연히 불변한다(제2장 논증 참고). 불변하는 자연규칙이 우주 탄생 이후 새로 만들어질 수 없듯이 모든 생물 종의 생명시스템 또한 우주 탄생 이후 새로 만들어질 수 없다. 따라서 모든 생물 종의 생명시스템은 우주 탄생 때 이미 자연규칙의 일부로 만들어져 있어야 한다.

10-4
생명시스템은 설계되었다

생명시스템이 설계된 이유

생명시스템이 설계된 근거는 무엇인가? 설계되었다는 것은 우연이나 무작위적으로 만들어진 것이 아니라 고도의 지성에 의해 작위적으로 만들어졌다는 뜻이다. 한 생물에는 개체별, 기관별, 조직별, 기능별 여러 생명시스템들이 있으며, 이들 각각의 시스템들은 개별적, 독립적, 통일적, 유기적으로 생존을 위해 합목적적으로 활동해야 한다.

한 생물 종의 각각의 개체들이 처한 외부 환경은 모두 다르고, 또한 개체의 생체 내부 환경도 생명 활동의 시간적 진행 과정에 따라 다르며 계속 변한다. 대내외 환경의 변화에 대응하여 한 개체에 있는 여러 생명시스템들은 생존을 위한 최선의 공동 대응을 한다. 이 생명시스템의 공동 대응을 위한 설계 프로그램은 합목적적이고 유기적이고 동시에 임기응변적인 대응 프로그램으로 설계되어야 한다. 이런 목적성과 방향성을 가진 성격의 프로그램이 무작위적이고 우연적으로 만들어지는 것은 불가능하다. 따라서 생명시스템은 우연으로 만들어질 수 없다. 생명시스템은 설계되었다.